KB143851

나의 첫
지정학 수업

지리는
어떻게 세계 역사를
움직이는가?

나의 첫

지정학
수업

전국지리교사모임 지음

개정판

팀

지정학 여행을 시작하며

2022년 2월, 러시아가 우크라이나를 침공하면서 세계 곳곳에 위기가 발생했습니다. 자원의 가격은 폭등했고, 안보는 불안해졌으며, 국가 간의 긴장이 높아졌지요. 특히 러시아가 대규모로 공급하는 천연가스 가격이 폭등하면서 유럽 에너지 공급 문제가 심각해졌습니다. 그런데 이러한 상황 때문에 우리나라의 조선업계가 활황을 맞이했다고 합니다. 어찌 된 일일까요?

천연가스 수급이 불안정해진 유럽은 러시아를 대신할 안정적인 수급처를 모색합니다. 이때 눈에 들어온 나라가 바로 중동의 카타르입니다. 카타르는 작은 나라지만 전 세계 천연가스 수출 2위의 에너지 대국입니다. 또한 월드컵을 개최할 정도로 경제 수준이 높고, 정치적 안정성이 보장된 나라기도 하지요. 특히 카타르는 미국이나 오스트레일리아 등 다른 천연가스 생산국들에 비해 유럽과 가깝다는 지리적 강점이 있습니다. 이런 이유로 유럽은 카타르로부터 천연가스 수입량을 늘리게 되었고, 수송을 위한 액화 천연가스 운반선, 즉 LNG선이 더 많이 필요해졌습니다. 그리고 이 LNG선을 세계에서 가장 잘 만드는 나라가 바로 대한민국입니다.

결국 러시아와 우크라이나의 전쟁 영향이 나비 효과처럼 돌고 돌아 우리나라의 LNG선 수주 호황으로 이어진 것입니다. 이러한 일련의 사건으로 사람들은 세계의 정치, 경제, 군사, 문화 등 각종 분야가 작동하는 연쇄 과정에 관심을 두기 시작했습니다. 전혀 상관없어 보이는 국제적 사건들이 서로 긴밀하게 얽혀 있고, 이런 과정에는 늘 지형·기후·도시·인구·교통·체제 등의 지리적 조건이 깊게 관여합니다. 이처럼 다양한 지리적 조건이 국제 정세에 미치는 영향을 연구하는 학문이 바로 '지정학'입니다.

시중에는 이미 많은 지정학 도서가 있습니다. 하지만 청소년들이 학교에서 배운 지리적, 역사적 지식을 바탕으로 읽을 만한 지정학 책은 부재하다는 데 아쉬움을 느꼈습니다. 그리하여 지정학의 모체인 지리학을 전공한 지리 교사들이 모여 《나의 첫 지정학 수업》을 썼습니다.

먼저 지정학이란 정확히 어떤 학문인지를 알아봅니다. 조금은 생소할 수도 있는 지정학의 개념을 알기 쉽게 정리했습니다. 1장부터 7장은 세계사의 주요 사건이 벌어진 지역을 살펴보며, 지리적 조건이 어떻게 세계사에 영향을 미쳤는지 설명했습니다. 특히 역사의 시대 순으로 구성된 다른 지정학 책들과는 달리 최대한 지리학적 시선에서 공간을 중심으로 이야기를 전개하고자 했습니다. 이 책으로 우리 청소년들이 지정학적 관점을 갖추는 데 도움이 되기를 기원합니다.

이제 지정학의 여정을 시작합니다.

차례

♦
3장 **통합과 분리의 지정학 교과서, 유럽** 97
♦

세계의 움직임을
꿰뚫어 보는 눈, 지정학

우리는 모두 숨을 쉽니다. 외부의 공기가 몸 안으로 들어왔다 나가
기를 끊임없이 반복하고, 그 공기 중 산소로 영양분을 태워 에너지
를 얻습니다. 체온을 유지하는 데에는 몸 외부의 기온과 수온이 매
우 중요합니다. 공기와 에너지가 몸을 들락날락 순환하듯 물과 음
식도 그렇습니다. 각종 농수산물이 햇빛 에너지를 통해 만들어지
고, 바람과 물의 온도 그리고 그 온도에 따른 이동 역시 햇빛에 의
해 이루어집니다. 이뿐만 아니라 자동차와 휴대 전화 등 공산품 생
산에 필요한 자원들까지도 지구에서 얻습니다. 인간은 지구의 일
부이며, 환경과의 상호 작용을 통해 자원을 씁니다.

　문제는 자원이 어디에나 공평히, 넉넉하게 분포하지 않다는 데

있습니다. 장소 또는 지역에 따라 생산 자원의 종류 및 양이 크게 다르지요. 쌀은 기온이 높고 강수량이 많은 아시아에서, 밀은 서늘하고 강수량이 더 적은 중국 북부와 유럽, 미국 등지에서 많이 생산됩니다. 주요 에너지 자원인 석탄이 세계 각지에 매장되어 있는 것과 달리 석유는 특정 지역에 집중적으로 매장되어 있고요.

그래서 자원은 필요에 따라 세계 곳곳으로 움직입니다. 자원 그 자체로 이용되기도 하지만 경제 선진국들은 수입한 자원을 결합하고 가공해 수출합니다. 이때 국가 간의 관계가 나빠지면 자원의 수출 또는 수입을 통제해 자국의 정치적 이익을 관철하려는 사태가 발생하기도 하지요. 우리나라에서 가장 많이 수출하는 품목은 반도체입니다. 반도체를 만드는 데 필요한 핵심 소재, 부품, 장비 중 일부는 일본에서 수입해야 했습니다. 2019년 일본 정부는 반도체 관련 일부 품목의 한국 수출을 규제하겠다고 발표한 바 있습니다. 우리나라 대법원이 내린 '일본제철 강제 징용 소송의 배상 판결'에 대한 보복 조치였지요.

국가 간의 치열한 경합과 외교를 통해 물자뿐 아니라 사람, 정보, 금융 등 유·무형의 자원이 이동하고 배분됩니다. 지정학은 이 복잡한 관계 및 과정을 구조적으로 파악하고 분석하는 학문입니다.

다중적 스케일을 다루는 지정학

역사가 시간의 측면에서 이야기를 만든다면, 지리는 공간의 측면에서 이야기를 만들어 갑니다. 공간의 크기는 사람의 몸에서 시작해 점차 집 → 마을 → 지방 → 국가 → 지역 → 지구(세계)로 확대되지요. 이 범위를 지리학에서는 '스케일'이라고 바꿔 부릅니다. 몸 스케일에서부터 지구 스케일까지, 크고 작은 모든 스케일의 공간은 정치적으로 상호 작용을 합니다.

작은 스케일인 몸도 인종, 민족, 성별, 신체장애 여부 등에 따라 정치적으로 작용하는 영향력에 차이가 납니다. 히틀러의 유대인과 신체장애자 탄압이 그 예입니다. 집과 집, 집과 마을, 마을과 마을 등 공간 스케일에서는 서로의 이해관계가 엇갈려 충돌하기도 하고, 또 조정하며 합의를 도출합니다.

지정학은 국가와 국가, 대륙과 대륙 등 '국제적 스케일'의 관계도 연구합니다. 우리 동네에 새로 생긴 대형 마트가 시장 상인들에게 미칠 영향을 연구하는 것과, 우크라이나가 북대서양 조약 기구NATO에 가입했을 때 러시아에 미칠 영향을 연구하는 것은 본질적으로 동일합니다. 단지 그 스케일이 확장되었을 뿐이지요.

모든 개인과 사회 집단의 활동은 지역에서 출발해 국가와 대륙의 스케일까지 확장되어 펼쳐집니다. 우리 삶의 모든 공간은 다양한 규모의 스케일에 걸쳐 있고, 결국 지정학으로부터 떨어질 수 없습니다. 그러므로 어떤 문제를 해결하거나 전망하기 위해서는 하나의 스케일이 아닌 다중적 스케일 차원에서 고민해야 합니다.

우리나라의 주요 환경 문제로 떠오른 미세 먼지 중 일부는 중국과 몽골에서 서풍을 타고 날아옵니다. 이 문제를 해결하기 위해 우리나라, 중국, 몽골 세 나라는 다중적 스케일에서 서로 협력해야 합니다. 수원시를 비롯한 우리나라의 여러 지방 자치 단체와 시민들은 20년이 넘는 세월 동안 몽골 건조 지역 일대에 나무를 심어 왔습니다. 정부와 기업들도 이에 동참했고, 몽골 현지 주민까지 함께해 몽골 이 곳 저 곳에 대규모의 숲을 만들었습니다. 모래바람이 많이 줄었을 뿐만 아니라 숲이 우거지자 흙은 물을 저장할 수 있게 되었지요. 나무를 심고 물을 주는 대가로 임금을 받던 몽골 주민들도 이제는 스스로 농사를 지어 소득 활동을 합니다. 이 같은 공로를 인정받아 우리나라의 한 단체는 2014년 UN 사막화 방지 협약으로부터 최우수상을 받기도 했습니다.

사막화 방지를 위해 개인, 기업, 지방 자치 단체, 비정부 기구 NGO, 국가, 지구 스케일의 국제 연합UN 등이 다양한 네트워크로 참여하고 있습니다. 이러한 사례는 지정학적 문제를 해결하는 데 있어 다중적 스케일 차원에서의 긴밀한 네트워크가 필요함을 보여 줍니다.

지정학의 자연지리 요인

지리학에서는 지형·기후·자원·면적·해양·대륙 등 자연환경과 관련된 요소들을 '자연지리'라고 합니다. 그리고 이런 자연지리적 요소들은 지정학에서 매우 중요한 요인으로 작용합니다. 국가의 위치와 지형, 기후, 국경 등 한 나라의 운명과 세계 정세를 좌우하는 자연지리 요인들을 알아보겠습니다.

1. 국가의 위치

육지에 둘러싸여 있는 내륙국은 이웃 나라와 사이가 좋지 않을 때 국경 분쟁이나 전쟁을 겪을 가능성이 큽니다. 여러 나라와 국경을 마주하고 있기 때문이지요. 그래서 스위스, 오스트리아 같은 내륙국은 아예 영세 중립을 선언했습니다. 또한 내륙국은 바다로 나가기가 힘들어 세계 여러 나라로 진출하거나 무역을 하기가 매우 어렵습니다.

이와 반대로 섬나라는 이웃 나라와의 분쟁을 겪을 위험이 상대적으로 적습니다. 군대 육성은 해군에 집중되고요. 영국과 일본이 그 예입니다. 일본은 19세기 말부터 대규모로 전함을 육성하고 있었으며, 제2차 세계 대전 때는 항공 모함을 동원하기도 했습니다. 일본은 같은 섬나라인 영국의 해군을 모방했지요. 1900년 전후로 강력한 해군을 앞세워 청일 전쟁과 러일 전쟁에서 승리했고, 조선을 식민지로 삼았습니다. 나아가 태평양과 인도양의 넓은 지역을 장악하면서 동남아시아의 여러 나라를 차지했으며, 하와이의 진주만까지 기습해 미국과도 전쟁을 벌였습니다.

우리나라 한반도와 같은 반도국은 대륙과 해양 사이의 다리 역할을 합니다. 이는 긍정적인 측면과 부정적인 측면을 모두 가지고 있습니다. 한반도의 경우 중국 문화가 일본으로 전파되는 다리 역할을 했지만, 일본의 군대가 중국으로 가는 통로가 되기도 했습니다. 냉전 시대에는 대륙의 공산주의와 태평양의 자본주의가 한반도에서 충돌했고요. 이처럼 임진왜란, 청일 전쟁, 러일 전쟁, 6·25 전쟁 등 많은 전쟁이 우리나라에 큰 불행을 가져다주었습니다.

지중해와 맞닿아 있는 나라들은 어떨까요? 지중해地中海는 '땅 가운데 있는 바다'라는 뜻입니다. 여러 지중해 중에서도 유럽, 아시아, 아프리카 세 대륙에 둘러싸인 지중해가 유명하지요. 이 지중해는 수천 년 전부터 주변 지역의 나라들을 연결하는 통로 역할을 해 왔습니다. 평화 시대에는 사람과 물자가 오가면서 주변 나라들이 번영했지만, 전쟁과 정복 시대에는 강력한 나라가 약한 나라들을 식민지로 삼는 통로로 이용되었습니다.

바다와 바다 사이의 좁은 육지인 지협은 운하로 이용됩니다. 수에즈 운하와 파나마 운하가 대표적입니다. 한때 영국은 수에즈 운하를, 미국은 파나마 운하를 지배한 바 있습니다. 육지와 육지

사이의 좁은 바다인 해협도 해상 교통의 요지로 주목을 받습니다. 그렇다 보니 해협을 지배하기 위한 각국의 경쟁과 싸움이 치열했습니다. 영국은 지중해와 대서양을 연결하는 지브롤터를 차지하고 있으며, 동남아시아의 바다에서는 중국과 미국 군대가 날카롭게 대치하고 있습니다.

2. 지형과 기후

세계 4대 문명의 발상지는 모두 하천 하류에 들어섰습니다. 하천 상류에서 빗물이나 눈 녹은 물이 흘러와 하류에 흙을 쌓고, 비옥한 퇴적 평야를 만듭니다. 주변은 낙타나 말로 이동할 수 있는 평원이 넓고요. 이집트 문명, 메소포타미아 문명, 인도 문명이 그렇습니다. 수천 년 전에 이 지역 사람들은 성곽, 도로, 하수도, 목욕탕이 포함된 계획도시를 만들었습니다. 이 문명 발상지는 지역의 정치적 중심지가 되었습니다.

중국 문명도 황허강 유역에 들어섰습니다. 다른 세 문명과 마찬가지로 밀을 재배하고 양과 말을 키웠지요. 중국에서 서남아시아, 유럽으로 이어지는 사막과 초원에는 건조한 기후가 나타납니다. 이 평원을 따라 초원길과 비단길, 즉 실크 로드가 만들어졌습니다. 실크 로드는 동·서양 문명의 교류 통로로 중요했지만, 한편으로는 군대의 이동로로도 사용되었습니다. 이 길을 따라 산의 눈과 얼음 녹은 물이 흘러 내려오는 하천 및 오아시스가 발달했고, 주변으로 크고 작은 도시가 들어섰습니다.

3. 국경

중국과 인도, 두 강대국은 서로 국경을 맞대고 있고, 이로 인해 지금까지 크고 작은 충돌이 반복되고 있습니다. 이들 두 나라 사이에는 세계에서 가장 높은 산맥인 히말라야산맥이 있습니다. 얼음과 눈으로 덮여 있어 사람이 살지 않는 고산 지대는 지형의 특성상 국경선을 분명하게 정하기가 어렵습니다. 이 수천 미터 높이의 산지를 차지하기 위해 두 나라가 서로 자기 영토라고 주장하며 다투는 상황입니다. 쇠파이프에 도끼까지 들고 싸우는 바람에 수십 명이 죽거나 다치는 상황까지 벌어졌습니다.

인도는 중국뿐 아니라 파키스탄과도 국경을 맞댄 채 갈등을 빚고 있고, 이 사이에서 중국은 파키스탄을 지원하고 있습니다. 이런 상황이라 인도는 사우디아라비아에 이어 세계 2위의 무기 수입국이며, 우리나라에서 성능 좋은 자주포를 다량 수입하기도 했습니다.

4. 국토 면적과 자원

국토 면적이 넓으면 대체로 자원이 풍부합니다. 전 세계 나라들

중 러시아(1,700만 km^2), 캐나다(998만 km^2), 미국(983만 km^2), 중국(964만 km^2), 브라질(851만 km^2), 오스트레일리아(774만 km^2) 순으로 국토 면적이 넓습니다. 캐나다, 미국, 중국의 면적은 남한(10만 km^2)의 약 100배입니다.

세계에서 가장 넓은 나라 러시아에서는 천연가스, 석유, 석탄이 많이 생산됩니다. 러시아는 우크라이나와의 전쟁 이후 유럽으로 수출되는 천연가스량을 줄임으로써 유럽 각국을 압박하고 있습니다.

캐나다, 미국, 중국, 브라질, 오스트레일리아 역시 각종 천연자원이 매우 풍부한 나라들입니다. 특히 미국과 캐나다의 천연자원 보유량은 세계 최고 수준이고, 여기에 우리나라 기업들이 진출해 대규모로 개발 사업을 진행하고 있습니다.

자원을 많이 가지고 있으면 다른 나라와의 관계에서 발휘할 수 있는 영향력이 커집니다. 세계적인 석탄 생산국인 오스트레일리아가 중국과 사이가 틀어졌을 때 석탄 수출을 통제해 중국 경제에 큰 타격을 주었던 일을 예로 들 수 있겠습니다. 자원의 배분에 정치가 작용하는 것은 물론, 자원의 양과 생산력이 정치력이 되기도 합니다.

지정학의 인문지리 요인

자연환경과 관련된 '자연지리' 요소 외에 인구·경제력·군사력·문화·제도·인권·무역 등 인간 활동에 의한 지리적 요소들을 '인문지리'라고 분류합니다. 지정학적 관점에서 인문지리적 요소들은 어떤 방식으로 영향력을 발휘할까요?

1. 인구

세계에서 인구가 가장 많은 나라는 중국과 인도입니다. 두 나라의 인구는 각각 15억 명 정도로, 합하면 30억 명이나 됩니다. 세계 인구의 약 40%가 두 나라에 살고 있는 셈입니다. 이렇게 많은 인구와 넓은 국토 면적을 바탕으로 두 나라의 경제력과 군사력은 꾸준히 상승하고 있습니다. 또, 중국과 인도의 많은 사람이 동남아시아를 비롯한 세계 각국으로 이민을 가 일부 국가의 정치와 경제에 강력한 영향력을 행사하고 있습니다.

2. 경제력과 군사력

국가의 힘은 국내 총생산GDP으로 표시할 수 있는 경제력에 기반을 두고 있습니다. 경제력은 국내적으로는 인구, 자원, 산업 수준, 경제 제도가 중요하고, 국제적으로는 각종 무역 협정 및 국제기구 가입 여부와 그 시행 방법에 영향을 받습니다. 21세기에 들어서는 사물 인터넷IoT, 빅 데이터, 인공 지능AI, 가상 공간과 관련한 제4차 산업 혁명이 경제력의 핵심 요인으로 떠오르고 있지요. 우리나라도 이 분야의 인적 자원 수요가 빠르게 늘고 있습니다.

군사력은 탄탄한 국가 경제력을 바탕으로 합니다. 막대한 예산이 투입되기 때문입니다. 세계 10위권의 경제력에, 첨단 산업이 발달했고, 지정학적으로 주변 국가와의 안보 관계가 불안정한 우리나라는 군사력도 경제력에 상응해 높은 편입니다. 미사일, 잠수함, 전투기 등 각종 첨단 무기를 생산하고, 이것들을 수출까지 하고 있습니다.

군대가 군인을 충원하는 방식으로는 강제로 입대해야 하는 징병제와 지원자만 입대하는 모병제, 그리고 이 두 가지를 혼합한 징·모병제가 있습니다. 군 복무 제도가 다양한 것은 지정학적으로 국가 안보에 대한 필요성이 나라마다 다르기 때문입니다. 2021년 기준, 전 세계 176개국 중 징병제를 운용하는 나라는 71개국, 나머지 105개국은 모병제거나 군대가 아예 없습니다. 우리나라의 경우 북한과의 휴전 상태에서 징병제를 운용하고 있습니다.

3. 문화, 환경, 노동 인권

언어, 종교, 역사 등에서 같은 문화를 공유하는 나라끼리는 상대적으로 서로 협력하기가 쉽습니다. 정치, 경제 제도가 비슷한 나라끼리도 마찬가지입니다. 유럽 연합^{EU}, 동남아시아 국가 연합 ^{ASEAN}, 아랍 연맹, 영연방 등의 예를 들 수 있습니다.

지구적으로 영향력을 행사할 수 있는 국가의 힘은 경제력, 군사력 등의 하드 파워와 문화, 역사 등의 소프트 파워로 나눌 수 있습니다. 2022년, 미국 외교·안보 전문지 〈더 디플로맷〉은 '한국 문화는 세계의 그 어떤 미사일보다 더 강력할 수 있다.'고 보도했습니다. 21세기 이후 우리나라의 음악, 영화, 드라마 등 대중문화 예술이 세계적으로 높은 수준에 있으며, 이것이 국가 경쟁력과 국가 위상에 큰 보탬이 되고 있습니다.

또한 지구의 환경 문제와 관련한 각국의 제도가 무역에 반영되고 있으며, 그 추세는 더욱 강화되고 있습니다. 환경 오염 물질을 많이 배출하는 기업이나 국가는 상품을 수출할 때 이를 수입하는 기업이나 국가에 환경 개선 부담금을 지불해야 합니다. 반대로, 태양광 발전, 풍력 발전, 전기 자동차처럼 지구 온난화 문제 해결에 도움이 되는 상품에 대해서는 관세를 매기지 않거나 적게 매기려는 국제적인 움직임이 일어나고 있습니다.

노동 인권 역시 중요한 지정학적 요인으로 떠오르고 있습니다. 미국은 2022년 중국 신장 지역에서 생산된 제품의 수입을 금지하는 법을 시행했습니다. 이 제품은 강제 노동으로 생산된 것이라 인권을 침해하고, 이를 수입할 경우 강제 노동이 지속될 수 있기 때문이라는 이유에서입니다. 사실 우리나라 역시 2011년 유럽 연합과 자유 무역 협정을 체결한 뒤, 국제 노동 기구ILO의 핵심 협약 가운데 결사의 자유, 강제 노동 철폐 등을 비준하지 않아 분쟁을 겪기도 했습니다. 소비자와 노동자 모두의 행복뿐만 아니라 원활한 국제 무역을 위해서라도 노동 인권을 국제 사회 기준으로 보장할 필요가 있습니다.

지정학이 무엇인지, 어떤 내용을 포괄하고 있는지 어느 정도 감이 잡혔나요? 그럼, 지금부터는 세계를 지역별로 구분해 좀 더 세세히 지정학의 시선으로 들여다보도록 하겠습니다. 가장 먼저 살펴볼 지역은 고대 문명이 태동했던 지중해 일대입니다. 지중해 일대는 메소포타미아 문명과 이집트 문명이 교류하며 고대 지정학의 중심지 역할을 했던 곳입니다. 그곳에선 어떤 지정학적 요인들이 인류사의 굵직한 사건들을 결정해 왔는지 함께 알아보겠습니다.

1장

큰 강 유역에서
시작된
인류의 역사

인류의 역사가 시작된 이집트·메소포타미아·황허·인더스 문명, 이 4대 문명의 지리적인 공통점은 '큰 강 유역'이라는 점입니다. 이 지역들은 기후가 따뜻하고, 물이 풍부하며, 기름진 넓은 평야가 발달해 있어 농업 활동에 유리합니다. 약 1만 년 전, 신석기 혁명으로 불리는 농업 활동이 시작되면서 농사짓기에 유리한 4대강 유역을 차지하려는 주변 민족들 간의 다툼도 치열해졌습니다.

티그리스강·유프라테스강 유역과 나일강 유역에는 일찌감치 도시가 발달했고, 그 도시를 중심으로 문명이 발생했습니다. 도시의 안녕과 질서 유지를 위해 구성원이 지켜야 할 규범(법, 관습)이 필요해졌고, 메소포타미아 지역에서는 함무라비 법전 같은 성문법도 만들어졌습니다.

이후 메소포타미아 문명과 이집트 문명은 그리스의 에게 문명과 미케네 문명으로 이어지고, 페니키아인들의 상업 활동을 통해 지중해 세계로 전파되었습니다. 그리스의 뒤를 이어 지중해 세계를 정복했던 로마 문화의 형성에도 영향을 주었습니다.

고대 메소포타미아인들이 신을 두려워했던 이유

'두 강 사이'라는 뜻의 메소포타미아는 오늘날의 이라크를 중심으로 시리아 동북부와 이란 서남부를 포함한 지역입니다. 건조 지대를 가로지르는 티그리스강과 유프라테스강 유역으로부터 고대 문명이 발달했습니다.

메소포타미아 문명의 대표적 신화 '길가메시 서사시'에는 홍수 이야기가 그려집니다. 비옥한 땅에 인구가 늘어나고, 인간들 때문에 세상이 시끄러워지자 이에 분노한 신들이 큰 홍수를 일으켜 인간 세상을 없애려 하지요. 그때 물의 신 에아는 우트나피시팀이라는 자에게 홍수를 피할 수 있는 배를 만들게 하고, 세상 모든 생명체의 씨앗을 배에 태우라고 명령합니다. 분노의 신과 구원의 신, 양가적인 태도의 신들 앞에서 메소포타미아인들은 두려움을 느낄 수밖에 없었을 것입니다. 이러한 세계관은 티그리스강과 유프라테스강의 독특한 지리적 조건으로부터 시작됩니다.

축복이자 재앙

메소포타미아는 유럽, 아시아, 아프리카 세 대륙을 연결하는 교통의 요충지로, 고대부터 주변 지역에서 생산된 지식과 기술이 모이고 교환되는 곳이었습니다. 건조한 주변 지역과 달리 이 지역은 티그리스강과 유프라테스강이 제공하는 풍부한 물 덕분에 농경이 가능했습니다. 그래서 많은 사람을 먹여 살릴 충분한 식량을 생산할 수 있었고, 세 대륙의 교차로를 따라 모여든 사람, 기술, 정보, 물자를 기반으로 도시가 발달해 일찍부터 문명이 발생할 수 있었습니다.

동시에 티그리스강과 유프라테스강은 메소포타미아 평원에 홍수와 범람이라는 자연재해를 일으켜 도시를 파괴하기도 했습니다. 발원지인 튀르키예의 아나톨리아고원과 이란의 자그로스산맥의 강수량에 따라 두 강의 유량은 해마다 변동이 매우 심합니다. 아나톨리아고원과 자그로스산맥의 눈이 녹는 4월에 유량은 최대가 되고 이후 9월에 최소가 되지만, 불규칙한 강수량으로 인해 강의 범람 시기와 규모는 매해 다를 수밖에 없습니다.

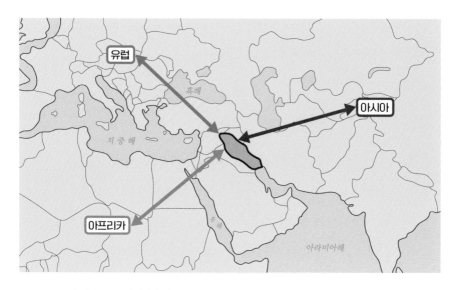

■ 오늘날의 이라크와 시리아 지역에 위치했던 메소포타미아는 아시아, 유럽, 아프리카 세 대륙의 교차로 역할을 했다.

또한, 발원지와 메소포타미아 평원 사이의 해발 고도차가 커서 강의 경사가 급한 탓에 유속이 빠른 편입니다. 즉 상류에 갑작스럽게 많이 내린 비나 눈 녹은 물도 그만큼 빠르게 메소포타미아 평원에 도달할 수 있다는 뜻으로, 두 강의 범람 및 홍수 피해 규모는 유속이 느린 강의 경우보다 더 클 수밖에 없습니다. 유속이 빨라 배로 하천을 거슬러 올라가기가 어려웠기 때문에 교통로 역할을 할수도 없었고요. 이러한 지리적 특징을 지닌 티그리스강과 유프라테스강은 메소포타미아인들에게 농사를 지으며 살아갈 터전을 제공해 주기도 했지만, 재앙 같은 대홍수를 일으키기도 하는 두려운 존재로 인식될 수밖에 없었을 것입니다.

개방적 지형의 장단점

메소포타미아는 강이 범람할 때마다 토사가 쌓여 형성된 범람원에 자리하고 있었기 때문에 진흙은 풍부해도 돌을 구하기란 어려웠습니다. 그래서 메소포타미아인들은 석재 대신 진흙을 햇볕에 말리거나 가마에 구워 만든 벽돌로 도시를 건축했습니다. 바벨탑의 전설로 널리 알려진 지구라트 유적을 비롯해 고고학자들이 발굴한 수많은 도시 유적도 대부분 벽돌 건축물이지요. 메소포타미아 문명의 역사를 기록한 쐐기 문자(설형 문자)가 진흙을 햇볕에 말리거나 구워 만든 점토판에 기록된 이유도 점토가 가장 구하기 쉬운 필기 재료였기 때문입니다.

사막과 바다로 둘러싸인 이집트의 나일강 유역과 달리 메소포타미아 평원은 사방이 열려 있는 지리적 특징을 갖고 있습니다. 이는 사람 및 물자가 메소포타미아 평원과 주변 지역 사이를 오가기 편리하다는 뜻입니다. 이 때문에 도시에 정착한 농경민과 주변 초원 지대의 유목민 사이에서 충돌이 자주 발생했습니다.

수확한 곡식을 저장해 가뭄이나 추위 같은 이상 기후로 인한

■ 쐐기 문자가 새겨진 점토판. 점토는 메소포타미아에서 가장 구하기 쉬운 필기 재료였다.

흉년에 대비할 수 있었던 정착 농경민과 달리 가축에 의지해 초원을 이동하는 유목민의 생활은 상대적으로 불안정할 수밖에 없었습니다. 아나톨리아고원과 이란고원의 유목민들은 생활이 곤란해질 때면 필요한 식량을 확보하기 위해 메소포타미아의 도시를 침략했습니다.

　실제로 메소포타미아 문명은 주변 이민족의 잦은 침입으로 여러 차례 왕조와 국가가 교체된 복잡한 역사를 품고 있습니다. 기원전 4000년경 수메르인들이 정착해 도시 국가를 세웠고, 기원전 2400년경 아카드 제국, 기원전 1800년경 바빌로니아 왕국, 기원전 1300년경 아시리아 왕국, 기원전 550년경 페르시아 제국, 기원전 330년 알렉산드로스 제국의 침략에 이르기까지 수많은 전쟁으로 민족과 왕조가 교체되었지요.

이집트 문명과의 결정적 차이

메소포타미아 문명은 그 특징이나 성격 면에서 이집트 문명과는 많은 차이가 납니다. 이는 매우 다른 지리적 특성 때문이기도 합니다.

이집트인들은 규칙적으로 범람하는 나일강과 풍요로운 자연환경을 선물한 신들을 찬양하며 내세를 믿었습니다. 이에 반해 메소포타미아인들은 지극히 현세적인 삶을 살았지요. 티그리스강과 유프라테스강의 불규칙한 범람으로 홍수 피해가 자주 발생하고, 개방적인 지형 탓에 외부 이민족의 침입이 잦아 미래를 기약하기가 어려웠기 때문입니다.

불안정한 현실 속에서 메소포타미아인들은 천체의 움직임이 인간의 운명을 좌우한다고 생각했습니다. 그래서 별자리의 운행을 바탕으로 현세의 행복을 기원하는 점성술이 발달했지요. 달력도 이집트의 태양력과 달리 달의 운행을 바탕으로 한 태음력을 만들어 사용했고요. 범람 시기 및 규모가 불규칙한 티그리스강과 유프라테스강에 의지해 생활했던 메소포타미아인들에게는 규칙성 있게 변하는 달을 보며 날짜를 계산하는 것이 더 편리했습니다. 그래서 달이 차고 기우는 것을 한 달로 계산해 태음력을 만들었고, 자연히 태양보다 달을 숭배하는 문화가 생겨났습니다.

이와 달리 이집트인들은 태양이 지표면을 수직에 가깝게 비추는 하지에서 다음 하지 때까지의 기간을 1년으로 삼아 태양력을 만들었습니다. 이는 나일강의 범람 시기를 계산하는 기준이 되었고, 당연스레 태양을 최고의 신으로 섬기게 되었지요. 다음 장에서는 이집트 문명과 지정학적 특성에 관해 더 자세히 이야기해 보겠습니다.

이집트 문명이
나일강의 선물이라고?

이집트 문명이 발생한 나일강 하류 유역은 서쪽에 사하라사막, 동쪽에 홍해, 북쪽에 지중해가 자리하고 있고, 시나이반도를 통해 메소포타미아 지역과 연결됩니다. 앞서 간략히 이야기했듯이 주변이 사막과 바다로 둘러싸여 외부 세력의 침입이 어려운 폐쇄적인 지형입니다.

그리스의 역사가 헤로도토스는 이집트 문명을 가리켜 '나일강의 선물'이라고 말했습니다. 나일강이 없었다면 이집트 문명도 존재할 수 없었을 것이라는 뜻입니다. 대체 나일강은 어떤 강이었기에 그토록 위대하고 찬란한 문명을 꽃피워 낼 수 있었던 것일까요?

홍수가 자연의 축복이라니?

이집트는 대부분 사막으로 이루어져 있습니다. 나일강 유역을 벗어나면 사람이 거주할 수 없는 불모지대입니다. 자연스레 고대 이집트인들은 오아시스이자 하천인 나일강 주변에 모여 살았습니다.

이집트 문명은 나일강의 범람으로 형성된 범람원과, 하구에 자리한 삼각주 지역에서 발생했습니다. 범람은 비교적 일정한 시기에 반복적으로 발생했고, 이집트인들은 이를 자연재해가 아닌 자연의 축복으로 여겼습니다. 어째서 이집트인들은 메소포타미아인들과 달리 홍수를 축복으로 여겼던 것일까요?

에티오피아 아비시니아고원의 타나호에서 발원한 청나일강과, 적도 부근 빅토리아호에서 발원한 백나일강은 수단의 하르툼에서 합류해 이집트로 흘러갑니다. 적도의 습윤 지역에서부터 시작되는 백나일강은 계절에 따른 유량의 변동이 적기 때문에 나일강이 건조한 사막을 통과하면서도 마르지 않고 지중해까지 흘러갈 수 있도록 유량을 유지해 주는 역할을 합니다.

나일강의 범람이 비교적 규칙적인 이유는 청나일강의 발원지인 아비시니아고원이 건기와 우기가 뚜렷한 열대 사바나 기후대에 속하기 때문입니다. 해마다 아비시니아고원이 우기에 접어드

■ 청나일강과 백나일강은 수단의 하르툼에서 합류해 이집트로 흘러간다.

는 5월경 청나일강 상류에 많은 비가 내리고, 한 달 후쯤이면 하류에 자리한 이집트 나일강의 수위가 올라가 범람이 일어납니다. 아비시니아고원의 우기가 끝난 뒤 시간이 흘러 수위가 원래대로 안정되면 이집트 나일강 범람원과 삼각주 지역에서 농사가 시작되지요.

나일강의 범람이 고대 이집트인들에게 자연의 축복이었던 이유는 나일강 상류에서부터 운반해 온 비옥한 흙을 하류에 토해 냈기 때문입니다. 청나일강이 시작되는 아비시니아고원은 화산 활동으로 형성된 용암 대지라 비옥한 화산 토양이 분포해 있습니다. 이 흙에서 키운 농작물들은 비료를 주지 않아도 매우 잘 자랐습니다. 나일강의 홍수는 범람원에 자리한 농경지에 천연비료를 뿌려 주는 연례 행사였던 셈입니다.

그런데 오늘날의 나일강 범람원과 삼각주 지역에는 더 이상 이 비옥한 흙이 공급되지 못하는 상황입니다. 1970년에 아스완하이 댐을 건설하면서 나일강의 범람이 차단되었기 때문입니다.

나일강은 나일강이 아니었다?

'나일강'이라는 이름은 그리스어로 '강', '계곡'을 뜻하는 '넬리오스^{Nelios}'에서 유래되었습니다. 그런데 정작 고대 이집트인들은 나일강을 '검은 강'이라는 뜻의 '아우르^{Aur}'라고 불렀습니다. 왜 검은 강이라 했을까요?

백나일강과 청나일강, 두 개의 큰 지류로 이루어진 나일강은 6,695km에 달하는 세계에서 가장 긴 강입니다. 두 강 중 더 길고 넓은 것은 백나일강이지만 나일강 전체 유량의 56%, 퇴적물의 76%를 운반하는 것은 청나일강입니다. 나일강의 범람과 퇴적을 주도하는 것은 청나일강인 것이지요.

청나일강의 발원지인 아비시니아고원은 신생대 화산 활동으로 분출한 용암이 굳어 형성되었습니다. 그 검은색 화산암으로 만들어진 비옥한 토양이 우기 때 빗물에 침식돼 청나일강으로 흘러듭니다. 검은색의 화산 토양은 청나일강에 실려 하류로 이동하다가 이집트에서 홍수로 나일강이 범람할 때 농경지에 쌓였습니다.

검고 비옥한 화산 토양 덕분에 예로부터 이집트는 농약을 뿌리지 않아도 풍성한 수확이 가능했습니다. 즉, 검은색은 고대 이집트인들에게 생명의 원천이자 풍요의 상징이었습니다. 그래서 검은 흙을 실어 나르는 나일강을 '검은 강'이라 부르며 신으로까지 받들고 숭배했던 것입니다.

이로 인해 이집트의 농업 생산성이 감소하고 화학 비료의 사용량이 크게 증가했습니다. 더군다나 나일강 삼각주는 나일강이 운반해 오는 토사에 의해 크기가 유지 및 확대되는 지형입니다. 댐 건설 이후 토사의 공급이 줄면서 바다의 침식으로 삼각주 면적이 줄고 소금물이 농경지로 흘러드는 등 여러 환경 문제가 발생하고 있습니다.

범람이 문명으로

나일강이 범람하는 정확한 시기를 아는 것은 고대 이집트인들에게 있어 생존과 직결된 중요한 일이었습니다. 만일 밭에 씨앗을 뿌린 후에 강이 범람해 버린다면 농작물 수확이 불가능해 많은 사람들이 굶주려야 했으니까요.

고대 이집트인들은 나일강의 수위에 따라 한 해를 범람기(6월~9월), 파종기(12월~2월), 수확기(3월~5월), 세 계절로 나누었습니다. 홍수 수위를 정확하게 알기 위해 강변에 수위계(나일로미터Nilometer)를 설치해 사용하기도 했지요. 그만큼 나일강의 홍수는 고대 이집트 왕조의 운명을 좌우했던 매우 중요한 지리적 현상입니다. 상류의 아비시니아고원에 가뭄이 발생해 나일강이 범람하지 않으면 이집트는 농사를 지을 수 없었고, 대기근과 전염병이 발생해 곳곳에

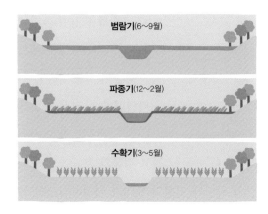

■ 나일강의 범람에 따른
고대 이집트의 세 계절

서 반란이 일어나 왕조가 바뀌기도 했습니다.

나일강의 규칙적인 범람은 고대 이집트인들에게 이 세계가 나일강을 중심으로 끊임없이 순환하고 있다는 세계관을 심어 주었습니다. 이를 토대로 사람이 죽어도 영혼은 다시 태어난다는 영혼 불멸 사상을 갖게 되었고요. 영혼의 집인 육신이 썩지 않아야 다시 태어날 수 있다고 믿었기에 시신을 방부 처리해 무덤에 안치했지요. 고대 이집트의 무덤에서 미라가 많이 발견되는 이유입니다.

이집트인들에게 있어 신은 나일강과 같은 풍요로운 자연환경을 선물한 고마운 존재였습니다. 이에 신을 향한 사랑과 경배의 마음을 담은 거대한 규모의 신전을 나일강변 여러 곳에 건설했습니다. 나일강 자체를 신으로 섬기기도 했습니다.

나일강은 고대 이집트 문명의 발전 및 유지에 필요한 사람과 물자를 운반하는 편리한 고속도로였습니다. 상·하류 양방향 항해가 가능했고요. 이집트에 주로 부는 바람은 북쪽(나일강 하류)에서 남쪽(나일강 상류)으로 부는 북풍으로, 이를 '북동 무역풍'이라고 부르는데, 1년 내내 같은 방향으로 부는 바람입니다. 나일강 하류(북쪽)에서 상류(남쪽)로 갈 때는 돛을 세워 북풍을 이용해 강을 거슬러 오르고, 반대로 내려갈 때는 돛을 접고 강물의 흐름을 이용해 항해하면 됩니다. 바람의 방향과 지형의 고저가 적절하게 양방향 통행을 가능하게 해 준 덕에 나일강의 물자 교류는 더욱 활발해졌습니다. 도로는 인간의 생존에 필요한 산소와 양분을 운반하는 혈관처럼 국가 사회의 경제 활동에 필요한 인력과 물자를 필요한 곳으로 보내 줍니다.

이집트 나일강 유역은 지중해와 홍해, 사막으로 둘러싸여 있어 외부의 침입이 어려웠고, 수로 교통은 편리했던 덕분에 안정적으로 문명이 발생할 수 있었습니다. 이는 세계사의 형성과 발전에 큰 영향을 주었지요. 나일강은 이집트 문명의 모든 것이라 표현해도 지나치지 않습니다. 이 위대한 문명은 지중해를 통해 그리스로 전해져 유럽의 고대 문명을 형성했습니다.

육지로 둘러싸인
문화의 용광로, 지중해

지중해라는 이름은 '육지로 둘러싸인 바다'를 뜻합니다. 북쪽에 유럽, 동쪽에 아시아, 남쪽에 아프리카, 이렇게 세 대륙으로 둘러싸인 바다이지요. 지브롤터 해협을 통해 대서양과 연결되고, 수에즈 지협에 자리한 수에즈 운하를 통해 홍해와 연결됩니다. 이처럼 지중해는 지리적인 요충지에 자리한 바다로, 세계사의 흐름에 큰 역할을 했습니다.

대륙들에 둘러싸여 있다 보니 지중해는 대서양, 인도양, 태평양 같은 대양에 비해 상대적으로 바람이 순하고 파도가 낮습니다. 적도 부근 대양에서 발생해 주변 육지에 큰 피해를 끼치는 태풍, 허리케인, 사이클론 같은 열대성 저기압도 발생하지 않습니다. 대서양과 지중해를 연결하는 지브롤터 해협의 폭이 매우 좁기 때문

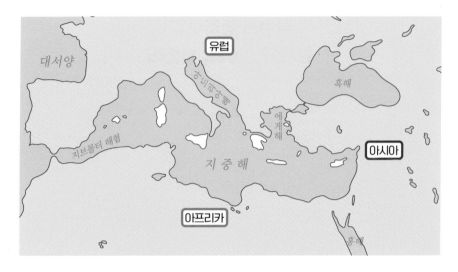

유럽

대서양

흑해

지브롤터 해협

에게해

아시아

지중해

아프리카

홍해

■ 아시아, 아프리카, 유럽의 3대륙으로 둘러싸인 지중해

에 대서양에서 발생하는 폭풍이나 큰 파도의 영향도 적은 편이라 지중해는 고대의 열악한 항해술로도 항해하기에 유리한 바다였습니다.

지중해 해안의 특징

그리스 본토에서 발생한 미케네 문명과, 크레타섬에서 발생한 에게 문명은 지중해를 기반으로 탄생한 해양 문명입니다. 지중해 북쪽의 그리스 해안은 섬이 많고 해안선의 굴곡이 복잡한 리아스식 해안의 형태를 띕니다. 디나르알프스산맥의 융기로 형성되었기 때문에 해안선이 높아 배에서 육지를 식별하기가 쉽고, 복잡한 해안선에는 크고 작은 만^{bay}이 자리 잡고 있어 일찌감치 항구가 발달했습니다. 높은 산지에서 이어져 경사가 급하고 수심이 깊은 해안이라 난파할 우려도 적습니다. 메소포타미아 문명, 이집트 문명과 지리적으로 가까워 교류하기에도 유리했고요. 그리스의 개방적인 해양 문화는 아테네를 중심으로 민주주의를 발달시켰고, 현대 사회의 민주주의 형성에도 큰 영향을 주었습니다.

그리스 해안과 달리, 지중해 남쪽에 자리한 북부 아프리카 해안은 수심이 얕고 암초가 많은 바다라 난파의 위험이 크고, 해안선마저 단조로워 배가 피항할 만한 만도 별로 없습니다. 그래도 알제리 해안은 비교적 육지 식별이 쉽고 수심이 깊으며, 해안에 만이 발달해 있는 편입니다. 페니키아인의 식민 도시로 건설되어 한때 지중해를 제패했던 카르타고가 알제리 해안에 자리한 지리적인 이유이지요.

오늘날의 레바논 해안에서 성장한 페키니아인들은 특유의 항해술을 바탕으로 활발한 상업 활동을 전개해 지중해 세계를 처음으로 제패하고, 연안을 따라 카르타고를 비롯한 여러 도시를 세웠습니다. 또한 메소포타미아와 이집트의 발달된 문명을 받아들여 지중해 연안에 전파해 처음으로 다문화를 형성했고, 알파벳의 기원이 되는 표음 문자(소리글자)를 발명하는 등 지중해 연안을 중심으로 한 세계사 흐름에 큰 영향을 끼쳤습니다.

로마 제국의 호수가 된 지중해

그리스 문명을 이어받아 이탈리아반도에 건국한 로마는 지중해의 제해권을 장악한 후 유럽, 아시아, 아프리카 세 대륙에 걸친 세계 제국으로 성장합니다. 이로써 지중해는 로마 제국의 경제적 성장과 영토 확장에 필요한 군대 및 물자를 수송하는 로마의 호수이자 중요한 교통로가 되었습니다.

로마가 지중해 세계를 통일함으로써, 지중해 인근 지역에서 발생했던 오리엔트 문명(아시아, 아프리카)과 그리스 문명(유럽)이 로마 제국으로 흘러들어 다문화 사회가 형성되었습니다. 지중해가 로마 제국의 호수가 된 것처럼 로마 제국은 지중해 연안에서 형성된 다양한 문명이 모여든 문명의 호수가 된 것입니다. '모든 길은 로마로 통한다.'라는 말이 나올 정도로 제국의 구석구석을 연결하기 위해 설치한 육상 교통망과 지중해의 편리한 해상 교통 덕분에 로마의 국교였던 크리스트교도 세계 종교로 발전할 수 있었습니다.

한편 7세기 무렵, 아라비아반도에서는 '모든 사람이 유일신 알라 앞에 평등하다'는 교리를 내세운 무함마드가 이슬람교를 창시

■ **로마 제국 안의 거대한 호수가 된 지중해**(117년경)

했습니다. 이를 바탕으로 건국한 이슬람 제국은 무함마드 후계자들의 정복 활동을 통해 아시아, 아프리카, 유럽에 세력을 넓혀 갔습니다. 지중해 해상권을 장악했던 전성기에는 포르투갈과 스페인이 자리한 이베리아반도까지 진출해 유럽의 크리스트교 세계를 위협했고, 이 지역에 이슬람 문화의 흔적을 남깁니다. 스페인의 남부 그라나다에 세워진 알함브라 궁전은 700년 넘게 스페인 남부를 지배했던 이슬람의 마지막 왕조가 남긴 건축물입니다.

이슬람교와 크리스트교는 11세기 말부터 13세기 말까지 성지 예루살렘을 차지하기 위한 쟁탈전을 벌였습니다. 바로 십자군 전쟁입니다. 이 과정에서 이슬람교와 크리스트교, 두 세계의 문화가 지중해의 해상 무역로를 통해 넘나들며 상호 영향을 주고받았지요.

지중해가 꽃피운 르네상스 운동

유럽에서는 크리스트교 중심의 세계관이 지배했던 중세가 저물고, 14세기부터 16세기에 거쳐 인문주의를 추구하는 르네상스 운동이 일어납니다. 이탈리아에서 시작되어 알프스 이북으로 퍼지면서 유럽은 근대 사회로 접어들게 되지요. 지중해 무역을 장악하고 있던 이탈리아는 제노바, 베니스, 피렌체 등의 도시 국가들을 중심으로 경제적 번영을 누렸습니다.

남북으로 길게 뻗은 이탈리아반도는 동서로 긴 지중해의 중간에 자리하고 있어 동쪽의 이슬람교 세계와 서쪽의 크리스트교 세계 간 중계 무역에 유리했습니다. 실제로 십자군 전쟁 후 이슬람 세계와의 무역이 활발해져 이슬람 문화가 이탈리아로 전파됩니다. 그리스·로마의 고전 문화를 받아들였던 이슬람 세계는 수학, 과학, 천문학이 높은 수준으로 발달해 있었습니다. 인도에서 발명한 숫자가 이슬람을 거쳐 유럽으로 전파되었기 때문에 '아라비아 숫자'라고 하지요. '알코올', '알칼리' 같은 화학 물질의 이름도 이슬람에서 기원한 것입니다. 15세기 중반, 동로마 제국이 오스만 튀르크에 의해 멸망하자 그리스·로마의 고전 문화 전통을 이어받은 동로마 학자들이 이슬람의 지배를 피해 이탈리아로 대거 피신해 온 사건도 이탈리아에 르네상스 시대를 여는 중요한 계기가 됩니다.

서로 적대적이었던 크리스트교 세계와 이슬람교 세계는 지중해를 통해 서로 충돌하고 교류하며, 근대 유럽 문화와 이슬람 문화를 형성했습니다. 이렇듯 지중해는 고대부터 근대에 이르기까지 세계의 문화가 융합되는 다문화의 장이었습니다.

세계 경제의 치명적 급소, 수에즈 운하

수에즈 운하는 유럽에서 아시아로 항해할 때 아프리카 대륙 남단을 돌아가는 대신 지중해를 통해 갈 수 있는 최단 거리 항로입니다. 지중해와 홍해를 연결하기 위해 164km에 달하는 사막을 뚫어 만든 물길이지요. 1859년, 프랑스의 외교관이었던 페르디낭 마리드 레셉스가 이집트 북동부에 위치한 도시 포트사이드에서 공사를 시작해 10년 만에 개통됐습니다.

영국 런던에서 인도 봄베이까지의 항해 거리가 기존 대비 51%나 단축될 만큼, 수에즈 운하 개통은 세계 해양 물류의 역사를 새로 쓸 기념비적인 사건이었습니다. 150여 년이 지난 오늘날까지도 수에즈 운하는 세계 경제를 책임지는 물류 요충지로 쓰이고 있습니다.

제국주의가 탄생시킨 수에즈 운하

당시 이집트와 우호적인 관계였던 프랑스가 운하 건설을 시작해 완성했으나 프로이센과의 전쟁으로 재정적 어려움에 처하고, 운하를 운영하게 된 이집트 역시 경제적 위기를 겪게 됩니다. 이 틈에 영국이 수에즈 운하 주식을 사들여 운영권을 차지했습니다.

사실 영국은 수에즈 운하 건설을 반대했었습니다. 수에즈 운하가 건설되면 유럽과 아시아 항로에 대한 영국의 지배력이 약화될 것을 우려했기 때문입니다. 인도와 동남아시아에 식민지를 운영하고 있던 영국 입장에서 수에즈 운하는 보고만 있을 수 없는 전략적 요충지였습니다. 수에즈 운하를 차지하게 되면 식민지와의 거리를 줄여 정치적·경제적 이득을 극대화할 수 있었으니까요. 영국은 이집트 내부 반란을 진압한다는 구실로 군대를 파견했고, 결국 이집트는 영국의 보호국으로 전락해 자주권마저 상실하게 되지요. 이렇듯 수에즈 운하에는 제국주의 침략의 역사가 서려 있었습니다.

제2차 세계 대전 후인 1956년, 이집트의 가말 압델 나세르 대통령이 수에즈 운하의 국유화를 선언한 이후 강대국들과 마찰을 빚기도 했지만, 미국 주도의 협의를 통해 운하 관리권은 이집트로 넘어와 현재에 이르고 있습니다.

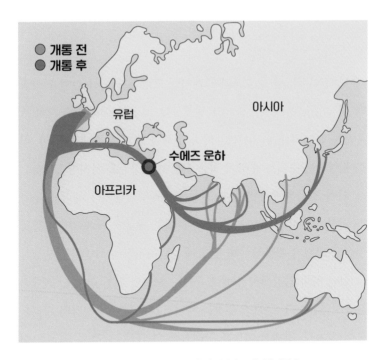

■ 수에즈 운하의 개통으로 유럽과 아시아 사이의 항해 거리가 크게 단축되었다.

수에즈 운하의 지정학적 의의

　2015년, 제2수에즈 운하가 개통되었습니다. 이로써 수에즈 운하는 총 193km 구간 중 75km 구간에서 배가 양방향으로 동시 통행할 수 있게 확장되었고, 운하를 통과하는 데 걸리는 시간은 18시간에서 11시간, 대기 시간은 8~11시간에서 3시간으로 단축

되었습니다. 2021년 한 해에만 우리 돈으로 9조 원 대에 달하는 막대한 통행료 수입을 이집트에 안겨 주었지요.

2021년 3월 23일, 전 세계 교역량의 12%를 담당하는 수에즈 운하에서 초대형 컨테이너선인 에버기븐호가 좌초돼 6일간 운하 통행을 막은 사고가 발생했습니다. 전 세계가 물류 대란을 겪게 되었는데, 이때 하루 손실액이 최대 90억 달러, 우리 돈으로 약 10조 2,000억 원에 달할 만큼 그 파급력이 매우 컸습니다.

21세기를 첨단 디지털 시대라고 하지만, 배 한 척이 일으킨 수에즈 운하의 일시적 통행 장애로 전 세계 물류가 흔들릴 수 있다는 사실에 주목해야 합니다. 정세가 불안한 중동 지역에서 대규모 전쟁이 일어나거나 예기치 못한 테러가 발생해 수에즈 운하가 마비된다면 세계 경제는 심각한 위기를 겪을 수도 있습니다. 해외 교역에 크게 의존하는 우리나라 경제도 그 영향을 즉각적으로 받게 될 수밖에 없고요. 그래서 지정학적으로 수에즈 운하는 세계 경제의 지름길이자 동시에 치명적인 급소입니다.

이제 우리는 메소포타미아와 나일강, 지중해를 중심으로 한 첫 번째 지정학 여정을 마쳤습니다. 고대에 지중해를 장악한 세력이 문명의 패권을 차지할 수 있었던 것은 오늘날의 국제 정세에도 시사하는 바가 있습니다. 고대의 지중해를 오늘날의 태평양, 대서양,

인도양 등으로 바꾸어 생각해 보면 대양을 장악하는 세력이 패권을 거머쥘 수 있음을 알 수 있지요. 이제 우리의 다음 여정은 메소포타미아 지방에서 이어지는 중앙아시아와 남아시아로 향합니다.

2장

유라시아의 중심,
중앙아시아·서아시아
·남아시아

아시아와 유럽은 하나의 거대한 대륙으로, '유라시아 대륙'이라 부르기도 합니다. 서로 연결된 육지 통로를 통해 일찍부터 교류가 활발했고, 그 결과 여러 갈등의 흔적이 남아 있기도 합니다. 대표적인 예가 국경 분쟁이지요.

1990년대까지 세계에서 가장 넓은 면적을 자랑한 옛 소련과, 가장 많은 인구를 지닌 중국은 완충 국가인 몽골을 사이에 두고 긴 국경을 마주하고 있었습니다. 공산 진영의 양대 국가였던 두 나라는 곳곳에서 국경을 확정 짓지 못해 분쟁의 씨앗을 안고 있는 형국이었지요. 어떻게든 대화의 물꼬를 트기 위해 노력하고 있던 와중에 1991년 소련이 붕괴했습니다. 이를 놓치지 않고 1995년에 중국은 국경을 맞댄 러시아, 카자흐스탄, 키르기스스탄, 타지키스탄과 서로간의 군사적·경제적 협력을 강화하기로 합의한 상하이 협력 기구SCO를 창립합니다. 이 협의체에 2001년 우즈베키스탄, 2015년에는 서로 앙숙 관계인 인도와 파키스탄이, 2021년에는 미국과 대립 중인 이란이 가입하면서 북대서양 조약 기구의 대항마가 되었지요.

상하이 협력 기구는 유라시아의 정치, 문화, 안전 보장에 관련된 국제기구지만 미국의 입장에서는 불편한 존재입니다. 과거와 현재 그리고 미래에 미국과 대립할 수밖에 없는 지정학적 조건을 갖춘 국가들의 집단이기 때문입니다. 그렇게 유라시아의 지정학적 이야기는 미국과 상하이 협력 기구의 대립으로부터 시작합니다.

유럽과 아시아를 연결하는 실크 로드

최근 미국과 중국의 관계는 정치, 경제, 외교, 무엇이든 건드리기만 하면 폭발할 듯 위태로운 상황입니다. 급성장한 중국이 세계 패권을 거머쥔 미국의 심기를 건드리는 형국이지요. 미국은 우리나라, 일본, 오스트레일리아, 캐나다 등 우방과 연합 전선을 구축했고, 이에 중국은 기존의 상하이 협력 기구를 기반으로 새로운 세력을 구축했습니다. 바로 대륙과 해양을 하나로 이은 경제 벨트 '일대일로一帶一路, One belt, One road'입니다.

일대일로 정책으로 중국은 옛 실크 로드의 부활을 꾀하고 있습니다. 실크 로드는 신항로 개척 이전까지 동·서양 문화 교류의 통로이자 물물 교류의 대동맥이었습니다. 이 길을 통해 당대 중국의 선진 문물이 전 세계로 퍼져 나갔고, 막대한 부가 중국으로 모여들

■ 대륙과 해양을 하나로 이은 경제 벨트 '일대일로' 정책으로 중국은 부활을 꾀하고 있다.

었습니다. 그야말로 세상의 중심으로 유라시아 대륙을 종횡무진했던 그 시절의 영광을 되찾겠다는 것입니다.

유라시아 대륙의 지리적 특징

실크 로드는 초원길과 바닷길로 나뉩니다. 초원길은 유라시아 대륙의 한가운데를 관통하는 길이고, 바닷길은 동남아시아와 인도양을 지나 아랍으로 연결되는 길입니다. 말이 좋아 푸른 '초원'길이지 실상은 거의 목숨을 걸고 걸어야 하는 황량한 사막입니다.

유라시아 대륙은 전 세계 대륙의 약 40%를 차지하는 거대한 땅 덩어리입니다. 북쪽에는 북극해를, 남쪽에는 태평양과 인도양을 두고 있습니다. 대륙의 강수는 대부분 바다의 수증기를 통해 공급되는데, 북극해의 차가운 수증기가 유라시아 대륙 북쪽에 넓은 타이가 침엽수림 지역을 만들어 냈습니다. 남쪽으로는 수증기의 공급이 줄어들면서 초원 지대가 나타나 유목민들의 터전이 됩니다. 이 초원은 동쪽 끝 몽골에서부터 중앙아시아를 지나 서쪽 우크라이나, 헝가리 초원까지 이어지는 아주 긴 초원입니다. 막힘없이 이어지는 초원이라 말을 달리면 상상 이상으로 빠른 이동이 가능합니다. 스키타이, 흉노, 돌궐, 거란 등이 이 초원 지대를 호령했던 대표적인 민족입니다.

초원의 남쪽으로는 수증기가 전혀 도달하지 않아 아주 건조한 지대가 만들어졌습니다. 몽골의 고비 사막에서 중국의 타클라마칸 사막, 그리고 중앙아시아를 지나 남쪽으로는 인도의 타르 사막, 서쪽으로는 중동을 지나 세계에서 가장 넓은 사하라 사막까지 연결되는 세계적인 사막 지대가 형성되었지요.

흔히 사막은 사람이 거주할 수 없는 곳으로 여겨집니다. 하지만 앞서 살펴본 이집트 문명처럼, 건조 지역은 아주 비옥해서 물만 잘 공급되면 어마어마한 생산성을 발휘할 수 있습니다. 4대 문명

■ 기후에 따른 지대 형성

은 모두 거대한 하천이 사막을 관통해 만들어졌습니다. 고립된 사막이라도 오아시스나 높은 산의 만년설이 녹아 만든 선상지, 내륙 하천 주변에서는 예로부터 지역의 맹주를 자처하는 강력한 왕국들이 번성했지요. 타클라마칸 사막에 있었던 누란 왕국, 쿠차 왕국 등이 대표적이며, 중앙아시아 사막에서는 티무르 왕국, 부하라 왕국 등이 실크 로드를 통한 중계 무역으로 번영을 누렸습니다.

사막 아래에는 동서로 높고 험준하며 지각이 매우 불안정한 지대가 나타나는데, 이 지역이 바로 알프스-히말라야 조산대입니다. 세계에서 가장 높은 히말라야산맥, 아프가니스탄의 전사들이 숨은 힌두쿠시산맥, 중동의 석유를 품은 자그로스산맥, 유럽에서 가장 높은 캅카스산맥이 자리 잡고 있지요. 거대한 장막과도 같은 이 산맥들이 내륙으로 남쪽의 수증기가 접근하는 것을 차단해 앞서 이야기한 사막 지대를 형성합니다. 산맥 곳곳에 낮은 고갯마루가 있어 평화 시에는 이 길을 통해 남북 문화권이 활발히 왕래해 불교, 이슬람교 등이 전파되었습니다. 그러나 전쟁 시에는 많은 이민족이 북에서 남으로 밀고 내려와 돌궐족은 서아시아에 오스만 제국을, 몽골족은 인도에 무굴 제국을 건설했습니다.

바닷길 실크 로드와 몬순

일대일로 정책에 따른 해상 실크 로드는 중국 남쪽에서 출발해 동남아시아의 말레이반도를 돌아, 인도양의 벵골만을 가로지른 뒤 아라비아해를 지나 홍해와 지중해를 연결합니다. 이 길고 긴 바닷길 지역은 육지와 바다의 비열차로 인해 계절에 따라 바람의 방향이 바뀝니다. 이를 몬순(계절풍)이라고 합니다. 우리나라도 몬순의 영향을 받습니다. 여름에는 고온다습한 바다에서 건조한 육지로, 겨울에는 차가운 육지에서 따뜻한 바다로 바람이 불지요. 예부터 상인들은 이 몬순을 이용해 비교적 쉽게 바다를 가로질러 물건을 사고팔고 했습니다.

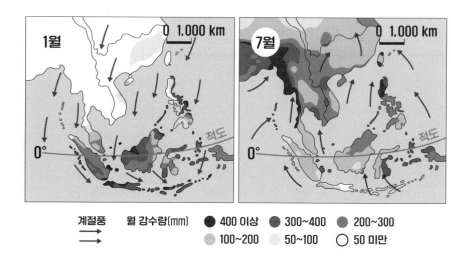

계절풍 월 강수량(mm) ● 400 이상 ● 300~400 ● 200~300
● 100~200 ○ 50~100 ○ 50 미만

■ 계절에 따라 달라지는 몬순의 방향과 강수량

몬순 기후 지역은 태양이 가까워지는 더운 계절 동안 태평양과 인도양에서 공급되는 다량의 수증기로 엄청난 비가 내립니다. 이 덥고 습한 지역에서 자라는 쌀은 건조한 지역에서 자라는 밀보다 같은 면적이라도 생산성이 더 높아 많은 인구를 먹여 살립니다. 자연스레 이 지역은 세계적인 인구 조밀 지역이 됩니다. 중국과 인도의 인구는 각각 14억에 가깝고, 인도네시아, 파키스탄, 방글라데시, 일본, 필리핀, 베트남 등이 각각 1억이 넘어 몬순 아시아 지역만으로도 전 세계 인구의 50% 이상을 차지합니다.

인구가 곧 국력이었던 시절, 몬순 아시아의 국력은 전 세계에서 감히 견줄 상대가 없었습니다. 청나라(중국)와 무굴 제국(인도)이 전 세계 대부분의 부를 차지하고 있었지요. 무력을 키운 제국주의 유럽 국가들은 이 두 나라를 침탈하기 위해 안간힘을 썼습니다. 몬순 아시아 북쪽에서는 새롭게 힘을 키운 러시아가 부동항을 찾아 빠르게 남하했고, 남쪽에서는 영국과 프랑스가 치열한 패권 다툼을 벌였습니다. 이후 프랑스는 동남아시아의 인도차이나반도를 차지하고, 말레이반도에서 인도까지는 영국이 차지하게 됩니다. 이 시기에 스페인은 필리핀을, 네델란드는 인도네시아를, 포르투갈은 중국의 마카오를 차지합니다.

중앙아시아에서 펼쳐진 그레이트 게임

북극해 연안의 툰드라부터 침엽수림대의 타이가까지는 사람이 거의 살지 않는 불모의 땅입니다. 그 아래 초원 지대와 사막 지대에서는 소수의 유목민과 정착민이 고유의 문화로 성쇠의 역사를 그려 나갔습니다. 몽골과 튀르키예가 대표적인 민족입니다.

중앙아시아에 해당하는 이 지역은 매우 넓은 영역입니다. 산업혁명 이후 자원과 시장을 찾아 세계 각지를 누비던 제국주의 세력은 이 지역을 몇 안 남은 기회의 땅으로 여겼습니다. 중앙아시아와 인접한 러시아와, 남아시아를 식민지로 삼은 영국이 특히 그러했지요. 19세기에 들어서면서 러시아와 영국은 중앙아시아를 놓고 치열한 각축전을 벌였습니다. 이 경쟁을 지정학에서는 '그레이트 게임'이라고 부릅니다.

러시아의 세력 확장과 영국의 견제

15세기, 몽골의 지배에서 벗어난 러시아는 공국으로 출발해 급속도로 영토를 확장해 나갔습니다. 몽골의 분열을 틈타 러시아는 타이가 침엽수림과 초원 지대를 빠르게 점령했습니다. 동쪽으로 영토를 넓혀 나갔지만 러시아의 주된 관심은 발전된 서유럽을 향해 있었기에 서유럽과 가까운 발트해 연안의 상트페테르부르크로 수도를 옮기고, 서유럽 문화를 빠르게 받아들였습니다.

군사력으로 무장한 러시아는 따뜻한 부동항을 찾아 남하하기 시작하는데, 먼저 눈독을 들인 곳이 흑해와 지중해였습니다. 강력한 오스만 튀르크가 그 지역을 장악하고 있었지만, 18세기부터 힘이 빠진 형국이었습니다. 비교적 손쉽게 영토를 확장하고 크림반도를 점령하려던 순간, 러시아의 세력 확장이 반가울 리 없는 영국이 프랑스와 손잡고 오스만 튀르크를 지원합니다. 1853년부터 1856년까지 치러진 이 크림 전쟁에서 영국의 종군 간호사로 활약한 이가 백의의 천사 나이팅게일입니다.

크림 전쟁에서 패한 러시아는 새로운 돌파구를 찾아 동남쪽으로 눈을 돌립니다. 중앙아시아의 남쪽은 몽골의 힘이 약해진 사이에 세력을 키운 이슬람이 코칸트 칸국, 부하라 칸국, 히바 칸국으로 분열되어 있었습니다. 이들은 동서양의 중간 내륙에 위치해 있

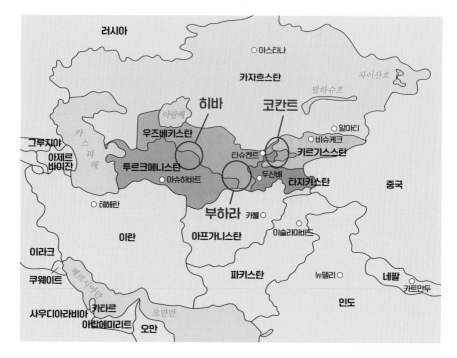

■ 19세기 러시아가 점령했던 중앙아시아 지역

는 탓에 선진 무기 도입이 늦어져 재래식 무기에 의존했고, 결국 러시아 세력에 속수무책으로 당했습니다. 게다가 중앙아시아 최대 도시인 타슈켄트(오늘날 우즈베키스탄의 수도)는 독립국의 지위를 누리지 못한 채 주변국의 과도한 세금 수탈로 고통받고 있었는데, 이 점을 노리고 접근한 러시아에 쉽게 길을 터주고 말았습니다. 타슈켄트를 잃은 코칸트 칸국이 영국에 지원을 요청했지만 제1차 영국 – 아프가니스탄 전쟁(1839~1842)에서 쓴맛을 봤던 영국은 '관찰은 하지만 개입은 하지 않는다'는 정책에 따라 지원하지 않았지요. 러시아는 20년이라는 짧은 기간 동안 오늘날의 카자흐스탄, 우즈베키스탄, 키르기스스탄, 타지키스탄, 투르크메니스탄을 점령하고 영국령 인도, 페르시아와 국경을 접합니다.

자신감을 얻은 러시아는 이내 동쪽으로 눈을 돌립니다. 정세의 변화에 둔감하면서도 여전히 스스로를 세상의 중심이라 여겼던 오만한 청나라는 자유로운 무역을 원하는 영국과의 아편 전쟁(제1차 아편 전쟁(1840~1842), 제2차 아편 전쟁(1856~1860))에서 패하며 이빨 빠진 호랑이로 전락해 있던 때였지요. 이 틈을 이용해 러시아는 아편 전쟁 중재에 대한 보상으로 청의 헤이룽강 이북 땅 및 연해주를 피 한 방울 흘리지 않고 차지하며 한반도와 국경을 맞대게 되었습니다.

이후 더욱더 따뜻한 남쪽의 부동항을 찾아 한반도에 영향력을 키우려던 시점에 영국은 조선의 허가 없이 남해의 거문도를 점령(1885~1887)해 러시아의 남하를 제지하고, 1904년에 일어난 러일 전쟁에서는 일본을 지원합니다. 이에 기세를 뻗어 가던 러시아는 전쟁에 패하면서 내부적으로 큰 혼란에 빠지게 되었습니다.

경쟁국에서 동맹국으로

러시아는 스웨덴과의 전쟁으로 핀란드를 차지하고, 오스만 튀르크와의 전쟁으로 흑해 연안과 발칸반도의 슬라브족에게 영향력을 행사하며 신흥 제국으로 떠올랐습니다. 영국은 이런 러시아를 가만히 지켜만 볼 수 없었습니다. 크림 전쟁에 개입해 러시아의 흑해 진출을 저지하고, 조선의 거문도 점령(1885)과 러일 전쟁(1904~1905) 개입으로 러시아의 동아시아 남하를 저지했습니다.

중앙아시아는 여러 민족과 국가가 얽혀 있기 때문에 영국의 진출이 쉽지 않았습니다. 제1차 아프가니스탄 침공(1839~1842) 때는 단 한 사람만이 살아 돌아오는 대참패를 맛봐야 했지요. 러시아의 영향력이 청나라가 점령한 티베트까지 미치자 1904년, 영국은 설산을 넘어 티베트 라싸에 침략해 수많은 양민을 학살한 부끄러운 역사를 남기기도 했습니다.

우여곡절 속에서 영국과 러시아의 경쟁은 계속 이어졌습니다. 그러다 20세기에 들어서면서 세계의 패권 구도가 바뀌고, 두 나라의 관계 양상에도 변화가 찾아옵니다.

최상의 군대를 보유하고 있다 믿었던 러시아는 러일 전쟁에서 비참하게 패한 후 내부 반란에 직면합니다. 유럽에서는 각각 통일을 이루어 낸 독일과 이탈리아가 한발 늦게 제국주의 반열에 들어

갔고요. 이에 영국과 러시아는 경쟁국이 아닌 동맹국으로서 서로의 가치를 깨닫게 되었습니다. 1907년, 영국과 러시아는 아프가니스탄이 영국의 세력권임을 인정하고, 페르시아는 중립지로 두는 것에 합의를 이룹니다. 이로써 100년 가까이 중앙아시아를 놓고 경쟁했던 영국과 러시아의 그레이트 게임이 끝을 맺었습니다.

이후 1914년 제1차 세계 대전이 발발하자 영국과 러시아는 아시아에서 독일 세력을 쫓아내는 데 동맹으로 협력합니다. 제1차 세계 대전 후 러시아는 세계 최초의 사회주의 혁명이 일어나 왕정이 무너지고, 러시아가 점령하던 여러 민족이 결합된 소비에트 사회주의 공화국 연합(소련, 1922~1991)으로 새롭게 출범했습니다. 미국과 양강 체제를 구축해 승승장구하던 소련은 아프가니스탄을 침공(1979~1989)하면서 수렁에 빠집니다. 이 전쟁은 많은 모순을 안고 있던 소련을 붕괴시키는 결정적 역할을 합니다.

아프가니스탄의 지정학적 가치

오늘날 모두가 주목하는 유라시아 지역 문제의 중심은 바로 아프가니스탄입니다. 아프가니스탄은 중앙아시아와 남아시아를 연결하는 육교와도 같은 내륙국입니다. 유라시아 대륙 남쪽은 앞서 이야기한 대로 알프스-히말라야 조산대가 솟아 있어 남북의 왕래를 가로막고, 기후에도 큰 영향을 미칩니다. 그런데 아프가니스탄이 자리 잡은 지역만큼은 동쪽으로 힌두쿠시산맥과 파미르고원이 있고, 서쪽으로는 이란의 자그로스산맥과 카스피해가 있는데 그 사이에 남북을 연결하는 평지가 펼쳐져 있습니다. 그렇기 때문에 아프가니스탄은 역사적으로 중동과 아시아의 다양한 문화가 만나는 곳이었으며, 여러 세기를 거쳐 인도·이란의 아리안족, 튀르키예·몽골의 초원 유목 민족 등 여러 민족이 왕래하고 정착하면서 그들의 고향이 되었습니다. 지금도 민족 구성이 아주 복잡한 다민족 이슬람 국가입니다.

서쪽은 평탄하면서 황량한 사막이고, 동쪽은 험악한 산악으로 이루어진 아프가니스탄의 자체 생산성은 낮은 편입니다. 하지만, 이 지역이 지닌 지정학적 가치는 정복자들의 입장에서 그냥 지나칠 수 없는 곳입니다. 아프가니스탄을 손에 넣어야만 중앙아시아와 중동, 인도 대륙을 아우르는 대 제국을 건설할 수 있기 때문입니다. 이러한 지정학적 특성으로 인해 수많은 제국이 아프가니스탄을 침공했습니다. 굵직한 세력만 나열해도 페르시아 제국, 알렉산드로스 제국, 이슬람 제국, 몽골 제국, 티무르 제국, 무굴 제국, 대영 제국, 러시아와 소련, 그리고 최근에는 미국에까지 이릅니다.

다양한 민족과 험준한 지형, 척박한 기후 환경 때문에 아프가니스탄은 중앙 집권적이기보다는 부족 단위의 전통 규칙을 지키면서 살아왔습니다. 그리고 중앙 정부와 지방 부족의 사이는 좋을 때보다 좋지 않을 때가 더 많았습니다. 침략 세력이 중앙 정부를 세우면, 그 침략 세력과 경쟁 관계인 세력이 반군을 지원하는 식이었지요. 여러 나라가 각각 자국의 이익을 위해 아프가니스탄 정부가 아닌 반군을 지원하곤 했습니다.

전 세계를 뒤흔든 2001년 9·11 테러 이후 미국은 아프가니스탄의 이슬람 무장 단체 탈레반이 테러 집단 알카에다와 그 지도자 오사마 빈 라덴을 보호하고 있다며 아프가니스탄을 침공했습니다. 오사마 빈 라덴은 미국의 우방 사우디아라비아의 재벌 가문 출신입니다. 1990년, 이라크가 쿠웨이트를 침략했을 때 미국은 사우디아라비아에 주둔하면서 이라크를 공격했습니다. 이때 빈 라덴 가문도 미국을 도왔습니다. 하지만 전쟁이 끝나도 떠나지 않은 미국에 반감을 품게 되었고, 이에 알카에다라는 이슬람 무장 세력을 조직해 미국에 테러를 저지른 것입니다.

알카에다는 아프가니스탄에 근거지를 두었는데, 이들을 지원한 탈레반도 원래는 미국이 소련의 침략을 저지하기 위해 후원한 아프가니스탄의 반군 단체입니다. 이렇듯 미국은 자신들이 키운 세력과 전쟁을 벌였고, 아프가니스탄에 갔던 수많은 제국처럼 실질적인 패배를 당한 채 물러나게 됩니다.

탈레반은 서양 문화를 배척하고 이슬람교의 원점으로 돌아가

자는 이슬람 근본주의를 표방합니다. 여성 인권을 침탈하고, 국제 질서를 무시하는 등 국제 사회의 비난을 샀지만, 아프가니스탄에서 점점 더 힘을 키워 가면서 이제는 그 누구도 감당할 수 없는 세력이 되었습니다.

험준한 지형과 건조한 기후가 지배하는 문명의 교차로에서 다민족 국가로 살아가는 아프가니스탄의 특수성을 이해하지 못한 제국들은 아프가니스탄이 세계 최빈국이므로 쉽게 점령할 수 있을 것이라 오판해 스스로 무덤을 판 꼴이 되었습니다. 1979년에 아프가니스탄 침략을 감행했던 소련은 10년을 수렁에서 허우적거리다가 스스로 붕괴되었고, 2021년에 미국도 대책 없이 철수하면서 수많은 민간인 희생자를 만들었습니다.

내륙국인 아프가니스탄은 더 안쪽에 자리한 중앙아시아의 5개국(우즈베키스탄, 카자흐스탄, 키르기스스탄, 타지키스탄, 투르크메니스탄)이 가장 가까운 바다로 나가기 위해 지나야 할 길목에 위치해 있습니다. 또한 이 지역의 강대국인 중국, 파키스탄, 이란과 국경을 맞대고 있어 지정학적으로 중앙아시아의 중심지 지위를 누릴 수 있습니다. 거기에 오랜 역사와 다양한 문화, 아름다운 산악 지대를 관광 자원 삼아 많은 관광객이 찾을 수 있는 여러 조건을 갖추고 있습니다. 미래가 창창한 아프가니스탄이 지리적, 정치적 원인으로 어려움에 빠져 수많은 난민이 생긴 현실이 안타깝습니다.

튀르크족의 땅, 튀르키예와 형제 국가들

2022년 어느 날, 돌연 〈개명하는 터키, "이젠 '튀르키예'라고 불러주세요"〉라는 헤드라인이 각종 뉴스 매체를 장식했습니다. 우리에게 익숙한 '터키'는 중앙아시아에서 이동해 간 튀르크족의 후예국입니다. 튀르크 민족은 튀르키예 인구의 70~80% 차지하고 있으며, 인접한 아제르바이잔, 투르크메니스탄, 우즈베키스탄, 키르기스스탄, 카자흐스탄의 다수 민족일 뿐만 아니라 이란령 아제르바이잔, 북키프로스 공화국, 러시아 내의 타타르, 바시키르, 추바시, 알타이, 투바, 사하 공화국의 다수 민족입니다. 시베리아부터 지중해 동해안까지 넓은 지역에 분포하는 어족 집단이지요. 튀르키예는 바로 이 '튀르크족의 땅'이라는 뜻이고요.

터키Turkey라는 국명은 본디 튀르키예Türkiye에서 온 말인데, 발음 변화를 거쳐 영어식 이름으로 쓰인 것입니다. 그런데 영어로 터키는 '칠면조'를 뜻하는 데다 시간이 흘러 '겁쟁이', '패배자'라는 부정적인 의미까지 더해졌고요. 이렇다 보니 튀르키예 국민들은 진작부터 국명 개명을 원했고, 최근에야 정식으로 국제 연합의 허가가 난 것입니다.

튀르키예의 기원

우리에게 돌궐족으로 알려진 튀르크족은 중국이 남북조로 분열된 6세기 무렵 본격적으로 역사에 등장합니다. 돌궐족은 알타이 산맥을 중심으로 동쪽으로는 헤이룽강변에서, 서쪽으로는 카스피해와 흑해 연안에 이르기까지 넓은 지역에서 유목하고 있었습니다. 그러다 중국이 통일된 후 수나라와 당나라의 힘에 밀려 동서로 분열된 채 이동을 거듭하다가 서튀르크족 일파가 소아시아에 셀주크 제국을 세우고, 이후 오스만 제국으로 계승되면서 오늘날의 튀르키예가 되었습니다. 유럽과 아시아에 걸쳐 있는 튀르키예는 돌궐이 몽골계 유목민 국가인 유연에서 독립해 나라를 세운 552년을 건국 원년으로 삼고 있습니다.

우리나라 사람들은 한민족의 역사와 한반도의 역사를 동일시합니다. 한민족이 한반도에서 발원해 한반도를 떠나 본 적이 없기 때문이지요. 하지만 튀르키예인들은 지역의 역사, 민족의 역사, 종교의 역사를 따로 배워 하나로 만드는 이 골치 아픈 과정을 매우 능숙하게 해냅니다.

튀르키예가 자리 잡은 소아시아에는 전설보다도 오래된 역사가 있습니다. 성경 속 노아의 방주가 머무른 곳이었고, 인류 최초로 철기를 사용한 히타이트 제국에 이어 초기 중동의 강자 페르시아 제국과 지중해를 호령한 그리스, 그리고 유럽, 아프리카, 아시아에 걸친 영토를 지배한 로마 제국과 그 후예 비잔틴 제국, 이후의 이슬람 제국까지. 실로 다양한 민족이 머물렀으나 결국 이곳에 자리 잡은 마지막 민족은 튀르키예인들입니다. 또한 이들은 이슬람 공동체의 지도자 칼리프의 지위를 이어받은 이슬람교의 마지막 맹주로서 그 정통성도 가지고 있습니다. 그러므로 튀르키예인들에게 있어 자국의 역사를 이야기할 때 지역, 민족, 종교의 역사를 따로 배워 하나로 버무리는 것은 당연한 일인 것이지요.

유럽과 아시아의 사이

튀르키예는 지정학의 꽃이라 부를 만한 위치에 있습니다. 남한 면적의 8배 정도 크기로, 러시아를 제외하면 유럽의 그 어느 국가보다 넓은 영토를 자랑하지요. 국토의 97%는 소아시아에 위치해

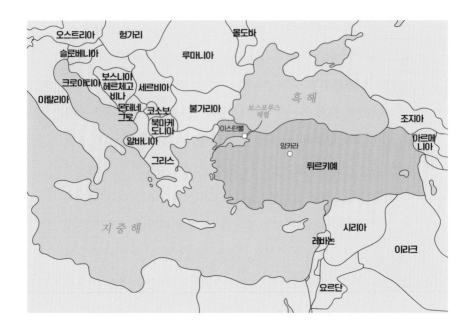

■ 튀르키예의 국토 97%는 소아시아에, 3%는 유럽 발칸반도 끝에 위치한다.

있고, 3%가량은 유럽의 발칸반도 남동쪽 끝에 위치합니다. 유럽과 아시아의 딱 중간 지점에는 흑해와 지중해를 연결하는 물길인 보스포루스 해협과 함께 인구 약 1,557만 명으로 유럽 최대 도시이자 튀르키예 경제·문화의 중심 도시 이스탄불이 있습니다.

튀르키예의 국토 중 아시아 대륙에 속한 부분이 넓어서 우리는 튀르키예를 아시아 국가라고 생각하는 경향이 있습니다. 하지만 유럽인들이나 튀르키예인들은 튀르키예가 줄곧 그리스·로마 제국, 비잔틴 제국, 오스만 튀르크의 수도 및 중심 영역으로서 유럽 영향권 안에 속해 왔으므로 당연히 유럽 국가라고 생각합니다. 그래서 아시안 게임에 참가하지 않고, 월드컵 대회도 유럽 예선전을 치릅니다. 또한 북대서양 조약 기구에 가입해 있지요. 한편 유럽 연합에도 가입하고자 수년 전부터 문을 두드리고 있지만 종교와 문화가 다르다는 이유로 가입이 유보되고 있습니다.

형제 국가, 아제르바이잔

튀르키예의 이웃 나라 아제르바이잔 역시 튀르크족의 후예를 자처하는 국가 중 하나입니다. 아제르바이잔은 카스피해와 흑해 사이, 유럽의 최고봉이 있는 캅카스산맥 남부에 위치합니다. 이 지역은 산세가 험하기 때문에 일찍부터 전쟁을 피해 몰려든 다양한 민족이 한데 모여 살아왔습니다. 튀르크족이 압도적으로 많았고, 여러 튀르크계 민족 가운데 대표적인 민족이 아제르바이잔인들입니다.

이들은 앞서 살펴본 영국과 러시아의 그레이트 게임의 희생양으로 분단됩니다. 대영 제국에 편입된 남쪽 아제르바이잔인들은 최대 2,000만 명으로 추산되며, 오늘날 이란의 국민으로 살고 있습니다. 러시아 제국의 지배를 받은 약 800만 명의 북쪽 아제르바이잔인들은 소련이 붕괴할 때 오늘날의 아제르바이잔으로 독립했습니다.

아제르바이잔은 석유와 천연가스 주요 생산 국가입니다. 카스피해 연안 부근 유전 지대에서 생산되는 석유와 천연가스는 아제르바이잔 경제의 3분의 2를 담당합니다. 국제 석유 수출 순위는 15위(2021)를 유지하고 있고요. 이 석유와 천연가스는 형제 국가인 튀르키예의 파이프라인을 통해 지중해를 가로질러 러시아를 거치지 않고도 유럽으로 수출되고 있습니다. 이러한 지정학적 특성으로 아제르바이잔은 미국과 유럽의 지대한 관심을 받을 수밖에 없지요.

튀르키예와 아제르바이잔은 대부분의 국민이 이슬람교를 신봉하기 때문에 두 나라 사이에 있는 기독교 국가 아르메니아와 앙숙관계에 있습니다. 1915~1917년에 걸친 오스만 제국의 아르메니아인 학살은 20세기 들어 최초로 일어난 집단 학살 사건이었습니다. 약 150만 명의 아르메니아인이 희생당한 것으로 추정됩니다. 하지만 튀르키예는 이를 인정하지 않고 있습니다. 아제르바이잔은 나고르노카라바흐 지역을 두고 아르메니아와 전쟁 중에 있지요.

이렇듯 이슬람 국가에 의해 기독교 국가가 어려움을 겪고 있지만 같은 기독교 국가인 유럽과 미국이 섣불리 아르메니아를 지원할 수는 없습니다. 갈등 관계에 있는 러시아와 이란을 거치지 않고 아제르바이잔의 석유를 수입하기 위해서는 그들의 형제 국가 튀르키예를 통해야만 가능하기 때문입니다.

중앙아시아의 지정학적 가치

튀르크족이 소아시아로 이동하는 과정에서 일부는 중앙아시아에 터전을 잡았습니다. 각 무리가 처한 자연환경에 따라 생활 방식이 달라졌고, 점차 각자의 나라를 이루며 분리되어 갔습니다. 아랄해로 흘러 들어가는 아무다리야강과 시르다리야강 사이 비옥한 내륙 하천 주변에 정착한 우즈베크족, 드넓은 초원에서 쭉 유목 생활을 한 카자흐족, 남하 후 험준한 산맥으로 이동해 유목을 이어간 키르기스족, 카스피해 동안의 건조한 사막으로 이동해 유목한 투르크멘족은 각각 독자적인 나라를 이루었지만 여전히 튀르크족만의 전통 문화와 유대감을 공유하고 있지요. 인구가 3,400만 명으로 가장 많은 우즈베키스탄, 남한보다 27배나 더 넓은 국토 면적을 지닌 카자흐스탄, 중앙아시아의 알프스로 알려진 산악국 키르기스스탄, 대부분 황량한 사막이지만 카스피해의 석유를 품고 있는 투르크메니스탄이 바로 튀르크족의 후예국들입니다. 이들은 모두 그레이트 게임 때인 19세기부터 러시아 제국의 지배를 받다가, 20세기 초반부터는 사회주의 혁명으로 왕정이 무너진 소련의 일원으로 있었습니다. 그러다 1991년에 소련이 해체되면서 독립했지만 여전히 러시아의 영향력에서 완전히 벗어나지 못했습니다.

이들 중앙아시아 국가들에게 손을 내민 건 역사적, 문화적으로 친밀한 튀르키예였습니다. 서로 언어가 비슷하고, 종교가 같기에 소련 붕괴로 생계가 어려워진 중앙아시아 사람들은 일자리를 찾아 튀르키예로 갔습니다. 18~19세기 팽창하는 러시아 제국과의 잦은 전쟁으로 많은 영토를 빼앗긴 튀르키예는 러시아를 견제하고 경제적 영토를 확장하기 위해 중앙아시아 국가들과 긴밀한 관계를 이어 가고자 노력하고 있습니다. 지정학적으로 튀르키예는 중앙아시아와 연대하기에 유리한 위치에 있습니다. 이러한 튀르키예의 움직임이 달갑지 않은 러시아는 중앙아시아의 역사가 전통적으로 러시아와 더욱 긴밀한 관계에 놓여 있다는 점을 강조하고 있습니다.

중앙아시아에 접근하는 또 다른 국가는 지리적으로 가까운 중국입니다. 상하이 협력 기구와 일대일로 정책에서 중앙아시아는 핵심 지역입니다. 태평양이 중국의 앞마당이라면 중앙아시아는 중국의 뒷마당에 해당합니다. 7세기 이후 중앙아시아에 대한 중국의 영향력은 상대적으로 줄어들었지만, 각종 에너지 자원을 확보하기 위해 중국은 중앙아시아에 적극적인 구애를 펼치고 있습니다. 이렇듯 오늘날의 중앙아시아는 기존 러시아의 영향 아래, 서쪽으로는 튀르키예의 구애를, 동쪽으로는 중국의 구애를 받으며 지정학적 가치를 드러내고 있습니다.

70년 넘은 분쟁의 땅, 팔레스타인

고대 문명 교류의 현장

중앙아시아를 호령한 튀르크족이 정착한 튀르키예의 남동쪽에는 팔레스타인 지방이 있습니다. 지중해의 동쪽에 맞닿은 팔레스타인 지방은 고대에만 해도 유럽과 아프리카 그리고 아시아가 접하며 다양한 문화와 민족이 오가는 교류의 장이었습니다. 당시에도 다양한 갈등은 있었지만, 헬레니즘 문화를 중심으로 주민 간에 자유롭고 포용적인 분위기가 가득했습니다. 아랍인과 유대인 그리고 그 밖의 다양한 민족이 공존하며 번영을 이루었지요.

그러나 기원전 1세기에 이 땅은 로마 제국의 식민지가 됩니다. 그러다 서기 132년, 이 땅의 주요 주민 중 유대인들이 추방되기에 이릅니다. 로마 제국이 유대인의 독립 항쟁을 빌미로 팔레스타인 중심 도시 예루살렘에 유대인이 거주하는 것을 금지한 것입니다. 유대인에게 예루살렘은 그들의 고유 종교인 유대교의 성지였습니다. 예루살렘 거주권을 박탈당한 유대인은 유럽과 아시아 등지로 뿔뿔이 흩어지게 됩니다. 이를 지정학에서 디아스포라Diaspora라고 합니다. 고대 그리스어로 '파종(씨를 흩뿌리는 행위)'을 의미하는 디아스포라는 오늘날에도 본래 살던 땅을 벗어나 사는 사람들, 또는 그런 인구 이동 현상을 뜻합니다.

분쟁의 씨앗이 된 세 가지 계약

유대인이 떠난 땅에 깊게 뿌리내린 것은 아랍인입니다. 팔레스타인계 아랍인은 아랍어를 사용하며 주로 이슬람교를 믿었습니다.

20세기 초반 제1차 세계 대전이 발발합니다. 당시 팔레스타인 지방은 오스만 제국의 영토로 튀르크족에게 지배당하고 있었습니다. 오스만 제국과 전쟁 중이던 영국은 팔레스타인계 아랍인(이하 팔레스타인인)들에게 한 가지 약속을 합니다. 오스만 제국을 상대로 후방에서 반란을 일으키면 전쟁 이후 팔레스타인인들의 독립 국가를 세워 주겠다는 것이었죠. 이를 당시 약속을 주재한 영국 외교관 헨리 맥마흔의 이름을 따 '맥마흔 선언'이라고 합니다.

그런데 전쟁 자금이 필요했던 영국은 전 세계에 흩어져 살며 금융업으로 막대한 부를 축적했던 유대인들과 또 다른 약속을 합니다. 전쟁 자금을 지원해 주면 팔레스타인 지방에 유대인들의 국가를 세울 수 있게 도와주겠다는 것이었습니다. 이를 당시 영국의 외무대신 아서 밸푸어의 이름을 따 '밸푸어 선언'이라고 합니다.

이게 전부가 아니었습니다. 영국은 제1차 세계 대전 이후 팔레스타인을 포함한 그 주변 지역 전체를 분할 통치하는 협정을 프랑스와 맺기도 했습니다. 즉, 영국은 팔레스타인을 두고 무려 서로 모순되는 세 가지 계약을 맺은 것입니다. 그리고 이는 70년 넘는 팔레스타인 분쟁의 씨앗이 됩니다.

이스라엘의 탄생과 중동 전쟁

1947년, 유대인들이 약속의 땅을 찾아 귀향하자 팔레스타인은 혼란 상황으로 빠져듭니다. 팔레스타인인들에게 이 땅은 척박한 삶 속에서 어렵사리 지켜 낸 오랜 거주 공간이었습니다. 한편 유대인들에게는 2천여 년간 설움을 견뎌 마침내 되찾은 고향이었습니다.

경제를 쥐락펴락하는 세력가이자 거부인 유대인들이 아랍 인 지주들로부터 팔레스타인 지방의 토지를 대량 매입하기 시작했습

레바논

터키
시리아
이란
이라크
요르단
이스라엘
이집트
사우디
아라비아
오만
예멘

이스라엘

지중해

서안 지구
(팔레스타인인
자치 지구)

요르단

가자 지구
(팔레스타인인 자치 지구)

■ 중동 전쟁이 끝난 뒤의 팔레스타인인 자치 지구.

니다. 팔레스타인인 소작농들의 불안감은 커지기 시작했습니다. 점차 두 민족 간의 갈등이 심화되자 영국은 이 문제를 국제 연합 UN에 맡겨 버립니다. 국제 연합은 팔레스타인 지방의 면적 44%를 인구 약 130만 명의 팔레스타인인에게, 인구 약 60만 명의 유대인에게 56%를 분배합니다. 오랜 기간 이곳에 거주해 온 팔레스타인인들은 이를 받아들일 수 없었습니다. 유대인들은 유대인들대로 자신의 권리를 주장하며 1948년 이스라엘 건국을 선포했지요. 그리고 바로 다음 날, 주변 아랍 국가들이 신생국 이스라엘을 인정할수 없다며 이스라엘을 침공합니다. 중동 전쟁의 서막이 열리게 된것입니다.

하마스 VS. 이스라엘 강경파

네 차례에 걸친 중동 전쟁은 1973년에 공식적으로 끝났습니다. 당시 중동 전쟁은 국제 유가의 상승을 불러와 세계 경제를 충격에 빠뜨렸지요.

하지만 그 이후로도 팔레스타인과 이스라엘의 분쟁은 현재 진행 중입니다. 지금 팔레스타인 지방의 가자 지구와 서안 지구 두곳에는 팔레스타인인들이 거주 중이며, 나머지 땅에는 유대인들이거주 중입니다. 국제 연합에서는 가자 지구와 서안 지구를 이스라엘과 다른 별개의 독립 국가, 팔레스타인 공화국으로 인정합니다. 하지만 미국, 캐나다, 프랑스, 독일 등은 가자 지구와 서안 지구를포함한 땅 전부를 이스라엘이라는 단일 국가로만 인정합니다. 즉, 팔레스타인인 거주 지역은 경우에 따라서 국가로 인정되기도, 인정되지 않기도 하는 것입니다.

이런 상황에서 강경파 팔레스타인인들은 유대인을 몰아내고 팔레스타인인만의 국가를 만들기 위해 테러와 폭력 투쟁을 일삼습니다. 2023년 10월 이스라엘의 텔아비브를 로켓으로 공격한 무장 정파 하마스가 바로 그 대표적인 세력입니다. 한편 강경파 유대인들은 가자 지구와 서안 지구마저도 빼앗으려고 합니다. 현재 이스라엘 정부는 이런 강경파 유대인들의 입장을 거들고 있습니다. 결국, 양측의 강경파가 모두 상대편을 완전히 배척하겠다는 입장이기에 이들 간의 분쟁은 끝나지 않는 것입니다.

유대인 파워, 미국을 움직이다

이들의 분쟁은 대서양 건너 미국에까지 영향을 미치고 있습니다. 세계 경찰의 역할을 자처해 온 미국은 오랜 기간 팔레스타인 갈등을 중재하기 위해 노력해 왔습니다. 그리고 갈등이 증폭될수록 미국 정부의 부담은 가중되어 왔습니다.

2024년 4월 국제 연합의 안전보장이사회에서는 팔레스타인인 자치 정부의 정회원국 가입을 두고 논의가 있었습니다. 안전보장이사회는 미국, 러시아, 중국, 영국, 프랑스의 5대 상임 이사국과 그 밖의 비상임 이사국이 모여서 국제 연합의 중요한 사안을 결정하는 기구입니다. 현재 팔레스타인 공화국은 국제 연합에서 참관국의 지위를 갖고 있습니다. 참관국은 국제 연합 회원국 대부분이 국가로는 인정하지만 정회원국은 아니지요. 때문에 국제 연합 총회에 참가할 수는 있어도 표결권은 갖지 못합니다. 만약 4월의 안전보장이사회에서 팔레스타인 공화국이 정회원국으로 인정받았다면 국제 사회에서 당당하게 독립국의 지위를 누리게 되었겠지요. 이스라엘과 동등하게 말입니다. 그러나 안전보장이사회에서 해당 안건은 부결되었습니다. 바로 안전보장이사회의 5대 상임 이사국 중 하나인 미국이 이를 반대했기 때문입니다.

미국은 왜 팔레스타인 공화국의 국제 연합 정회원국 가입에 반대했을까요? 이는 미국 사회에서 유대인들이 차지하는 역할을 살펴보면 이해할 수 있습니다. 2020년 미국 내 유대인 인구는 약 760만 명 정도로, 전체 인구의 2.4% 수준입니다. 그러나 과거부터 금융업을 비롯한 미국의 핵심 산업계에 진출하여 굴지의 기업을 일으켜 세운 유대인들의 존재감은 숫자 이상의 무게감을 지닙니다. 정치계에서의 비중 또한 매우 커서 미국 상원 의석 100석 중 10석, 하원 의석 435석 중 30석 정도가 유대계 출신입니다. 이처럼 미국 사회에서 유대인들은 재계와 정계 모두 막강한 영향력을 행사합니다. 따라서 미국은 유대인들이 세운 국가인 이스라엘의 눈치를 볼 수밖에 없습니다.

지정학은 옳고 그름을 따지는 정의의 문제를 넘어 냉혹한 이해관계로 세상을 바라봅니다. 이런 관점은 미국으로 하여금 무엇이 더 국익에 도움이 되는가를 기준으로 팔레스타인 문제를 바라보도록 하는 것입니다. 현재 미국 사회 내에서 팔레스타인 공화국의 독립을 지지하고 이스라엘을 비판하는 시민 단체와 학계의 목소리가 높아지고 있습니다. 그럼에도 불구하고 미국을 움직이는 유대인의 영향력은 이스라엘을 옹호하는 행보를 유지하고 있습니다. 지정학 세계에서 절대적인 힘을 지닌 미국의 입장은 앞으로 어떻게 될까요? 그리고 미국과 오랜 동맹을 유지하고 있는 우리나라는 팔레스타인 갈등을 어떻게 바라보아야 할까요? 지구촌을 작은 타일끼리 연결되어 구성되는 모자이크 세계로 본다면, 우리 또한 팔레스타인 갈등으로부터 자유롭지만은 않습니다.

남부아시아의 강자, 인도

2022년, 러시아의 우크라이나 침략 이후 세계 각국은 미국과 유럽의 지휘에 따라 러시아에 강력한 경제 제재를 시행하고 있습니다. 이러한 시기에 여러 나라와는 조금 다른 행보를 보이는 두 나라가 있습니다. 러시아의 우방이자 미국의 강력한 라이벌 중국, 또 한 나라는 그런 중국의 라이벌 인도입니다.

서방 각국이 러시아산 석유 수입을 금지하는 사이, 인도는 보란듯이 아주 저렴한 가격으로 러시아산 원유를 수입했습니다. 이뿐만 아니라 세계적인 곡창 지대 우크라이나의 밀 수출이 막혀 전세계 곡물 가격이 폭등하는 와중에 인도 정부는 자국에서 생산되는 밀과 설탕의 수출을 금지할 수 있다고 선언합니다. 서방 언론은 일제히 인도 정부를 비난하는 기사를 썼고, 인도의 입장은 들어 보지도 않은 채 유럽의 입장만을 전달하는 일부 우리 언론으로 인해 몇몇 사람들은 인도를 이상한 나라로 여기고는 합니다.

14억 인구 대국

중국 국토 면적의 3분의 1 정도에 불과한 인도의 인구는 중국과 비슷한 14억 명 안팎에 이릅니다. 그래서 인구 밀도는 중국보다 인도가 훨씬 높지요.

1876년, 대영 제국은 무굴 제국을 멸망시키고, 영국의 빅토리아 여왕을 황제로 두는 영국령 인도 제국을 출범시킵니다. 이후 제2차 세계 대전이 끝나고 영국으로부터 독립하는 과정에서 인도 제국도 우리처럼 분단의 아픔을 겪게 됩니다. 힌두교를 믿는 인도와 이슬람교를 믿는 파키스탄으로 나뉘게 된 것입니다. 영국이 힌두교와 이슬람교를 분리해 독립 협상을 진행하면서 종교적 대립을 격화시켰습니다. 결국 제국 영토의 대부분은 인도 차지가 되지만 동북쪽 갠지스강 삼각주의 동파키스탄(오늘날의 방글라데시)과 서북쪽 인더스강 유역의 서파키스탄(오늘날의 파키스탄)이 하나의 이슬람 국가로 분리됩니다.

갑자기 그어진 국경선을 사이에 두고 수백만 명이 자신의 종교를 따라 이동했습니다. 이 대혼란 속에서 수십만 명이 죽는 사태가 벌어졌습니다. 그럼에도 2022년 기준 인도의 인구는 약 14억 1,700만 명, 파키스탄 2억 3,500만 명, 방글라데시 1억 7,000만 명으로, 만약 인도 제국이 분열이 되지 않았다면 총 18억 명이 넘어 일찍이 중국을 능가하는 세계 최대의 인구 대국이 되었을 것입니다.

■ 제2차 세계 대전이 끝난 후, 인도 제국은 힌두교를 믿는 인도와 이슬람교를 믿는 파키스탄으로 분리되어 영국으로부터 독립했다.

이처럼 거대한 영토 면적 및 인구 수로 인해 인도와 그 주변국을 별도의 대륙으로 분류하기도 합니다. 흔히 '인도 대륙'이나 '인도 아대륙'이라고 부르지요. 이 지역도 앞서 이야기한 몬순 기후의 영향을 받습니다. 여름에는 인도양에서 불어오는 고온다습한 계절풍이 대륙과 산맥을 만나 다량의 비를 뿌리고, 그 물로 벼농사를 짓습니다. 인도 아대륙은 더운 열대 기후 지역이라 1년에 두 번 벼농사를 짓는 2기작은 기본이고, 1년에 3기작이 가능한 지역도 있습니다. 한쪽에서는 벼가 익고, 다른 한쪽에서는 벼가 자라고, 또 다른 한쪽에서는 모내기를 합니다. 그토록 많은 인구를 부양하는 힘의 원천입니다.

이웃 국가들과의 관계

인도와 중국 사이에는 험준한 히말라야산맥과 티베트고원이 있습니다. 이러한 지형은 자연스럽게 두 거대 세력의 완충지 역할을 했습니다. 하지만 근대 국가 개념에서 국가와 국가는 하나의 선, 국경으로 만납니다. 영국은 러시아와의 갈등 관계에 아프가니스탄을 완충 국가로 뒀던 것처럼, 인도를 지배 중이던 1914년에 중국과의 직접적인 충돌을 피하고자 '맥마흔 라인'이라 불리는 국경선을 설정합니다. 이 선상에는 네팔과 부탄, 한때 독립국이었지만 지금은 인도의 한 주로 편입된 시킴 왕국, 중국과 인도가 서로 자기 땅이라고 주장하는 인도의 아루나찰프라데시주와 중국의 악사이친 지역이 포함됩니다.

산악 국가인 네팔과 부탄에서 중국으로 향하는 길은 높은 히말라야산맥이 가로막고 있어서 이 두 나라는 인도에 많은 것을 의존할 수밖에 없습니다. 한 예로, 2015년 인도는 네팔의 선거 결과가 맘에 들지 않는다며 네팔 국경을 봉쇄한 후 일방적으로 석유 공급을 끊었고, 이로 인해 네팔 국민들은 큰 고통을 겪어야 했지요.

인도 남부 쪽으로는 인도양의 진주라고 부르는 불교 국가 스리랑카와 신혼여행의 성지로 유명한 이슬람 국가 몰디브, 두 섬나라가 위치해 있습니다. 두 나라는 종교만 다를 뿐 언어, 문화, 혈통이

■ 중국은 영국이 일방적으로 선포한 '맥마흔 라인'을 식민지 시대에 맺어진 불평등 조약으로 간주해 인도와 국경 갈등을 빚고 있다.

비슷해 사실상 친족 관계나 마찬가지입니다. 지금도 영국 연방의 일원이며, 남아시아 지역 협력 연합SAARC의 회원국으로 협력하고 있습니다. 코로나 팬데믹으로 인해 관광 수입이 크게 줄면서 이 두 나라는 심각한 경제 위기에 봉착했습니다. 에너지 자원 수입마저 막힌 스리랑카는 정권까지 바뀌는 지경에 이르렀지요. 그나마 인도의 도움으로 근근이 버티고 있습니다.

서방 국가들과의 갈등

그럼 다시, 인도와 서방 국가들과의 관계를 살펴볼까요. 인도는 왜 온갖 비난에도 아랑곳하지 않고 러시아와 다양한 거래를 이어 가면서, 미국의 대척점에 서 있는 상하이 협력 기구에 가입을 했을까요? 그건 바로 인도가 인도 아대륙의 패권 국가이기 때문입니다. 비록 국민 소득이 턱없이 낮고 제조업 발달이 미미해도 군사적으로는 핵무기를 보유한 강대국이지요.

인도인들은 인도 분열의 원인이 영국과 미국 등 서방에 있다고 생각합니다. 대책 없이 분리 독립을 시킨 영국이야 그렇다 쳐도 "미국은 왜?"라는 의문이 생기지 않나요? 사실 인도는 근간이 미약한 파키스탄이 경제난을 겪게 되면 인도에 도움을 요청하면서 자연스럽게 다시 한 나라가 되리라 생각했습니다. 하지만 냉전 시대에, 미국은 인도가 소련 편에 섰다 판단해 인도의 라이벌인 파키스탄을 경제적으로 지원했습니다. 이로 인해 파키스탄은 인도에 손을 벌리지 않고도 경제 위기를 버텨 냈고, 결국 인도가 꿈꾼 통일은 물거품이 되고 말았다고 인도인들은 생각합니다.

이후 인도는 핵무기를 개발하면서 30년 동안이나 이어진 미국의 경제 제재를 극복해 냈습니다. 이러한 배경으로 인도는 강대국들과의 갈등과 그로 인한 압박에 굴하지 않고 자신만의 길을 걸어가고 있지요. 잘살든 못살든 인도 아대륙의 패권 국가 인도는 국경을 맞대고 살아가는 파키스탄, 방글라데시, 네팔, 부탄, 스리랑카, 몰디브와 인근 아프가니스탄 등을 아우르는 대국입니다. 아이스크

림콘처럼 생긴 인도반도에서, 이슬람의 파키스탄·방글라데시·몰디브, 불교의 네팔·부탄·스리랑카, 힌두교의 인도가 서로 갈등하기도 하고 돕기도 하며 살아가고 있습니다.

여기서 한 가지 짚고 넘어가야 할 부분이 있습니다. 바로 서방과 우리 언론의 시각입니다. 인도가 러시아에서 수입하는 석유의 한 달치 분량은 유럽이 러시아에서 수입하는 하루치 양과 비슷합니다. 또한 인도의 밀 생산량은 한 해 약 700만t으로 중국에 이어 세계 2위(2022)를 기록할 정도지만 대부분을 자국에서 소비합니다. 그렇기 때문에 전 세계 밀 수출량에서 차지하는 비중은 3% 이하로 비중이 작지요. 그런데도 1인당 국민 소득^{GNI}이 2,466달러(2022)에 불과한 경제 빈국의 상황은 고려하지 않고, 1인당 국민 소득 7만 5,180달러(미국, 2022)의 시각으로 인도의 행보를 판단합니다. 인도인들은 당장 먹고살기 바쁘고, 그들이 수입하는 석유와 수출하는 밀의 양은 세계적 수준에서 그 비중이 크지 않음에도 서방 언론들은 인도의 부족한 점을 부각해 보도하니, 인도인들은 뿔이 날 수밖에 없습니다.

젊은 나라, 인도의 미래

수학과 공학을 바탕으로 한 과학 기술 강국인 인도는 더 나은 미래를 꿈꾸고 있습니다. 1인당 국민 소득은 미미하지만 인구 대국이기에 국가의 국내 총생산 규모는 미국, 중국, 일본, 독일에 이어 세계 5위의 위용을 자랑합니다. 이러한 성장세라면 2050년경에는 일본과 독일을 제친 세계 3위까지 올라갈 것이라고 미국의 투자 은행 골드만삭스가 예측했습니다.

이 같은 경쟁력은 인구에서 나옵니다. 2023년 기준, 인도는 중국을 넘어 명실상부 세계 최대 인구 대국이 되었습니다. 여기에 더해 인도의 미래를 더 밝게 비추는 요인 중 하나는 인도의 인구 구조입니다. 인도에는 1991년 이후에 태어난 젊은 세대 인구수가 3억 5,000만 명으로, 미국의 총인구보다 더 많습니다.

인도의 젊은 세대는 부모 세대와 다른 점이 많습니다. 인터넷과 모바일 기기의 보급으로 언제 어디서나 영화, 음악, 스포츠 등 다양한 문화를 즐기는 데 익숙합니다. 미디어 산업이 약진하면서 인도가 자랑하는 IT 산업과 결합한 결과이지요.

인도의 영화 산업은 이미 인도 대륙과 그 주변 중동, 아프리카까지 아우르는 거대한 시장을 형성하고 있습니다. 인도 서부에 위치한 경제 수도 뭄바이가 영화 산업의 중심지로 자리 잡은 지 오래이고요. 뭄바이의 옛 이름 '봄베이'와 할리우드를 합성해 인도 영화를 '볼리우드 영화'라 부르기도 합니다.

볼리우드 영화와 할리우드 영화를 비교했을 때 크게 다른 점

볼리우드 영화만큼 강력한 인도의 제약 산업

새로운 약이 개발되면 일정 기간 동안 약의 제조 기술이 특허법으로 보호됩니다. 약을 개발한 제약 회사의 수익을 보장해 줘야 하기 때문이지요. 그러다 특허 기간이 끝나면 누구든 약을 복제해 생산할 수 있습니다. 이렇게 생산되는 복제 약을 '제네릭'이라고 부릅니다.

인도는 이런 제네릭 의약품의 주요 생산국입니다. 전 세계 제네릭의 20%를 인도가 공급하고 있으며, 까다롭기로 소문난 미국 식품의약국FDA으로부터 생산 허가를 인증 받은 제약사가 세계에서 가장 많은 나라이기도 합니다. 인도 제약 회사가 직접 연구하고 개발한 약은 많지 않지만 제네릭 분야에서만큼은 제약 산업의 강국이 확실합니다. 특히 '인도 혈청 연구소'라는 회사는 세계 최대의 백신 생산 기업으로, 세계 어린이의 65%가 평생 최소 1회 이상 이 회사의 백신을 맞고 있습니다.

은 바로 '음악'입니다. 인도에는 정부에서 인정한 지역 언어만도 22개나 됩니다(2007). 이렇게나 언어가 다양하기 때문에 영화의 내용을 가장 효과적으로 전달할 수 있는 수단은 음악과 춤입니다. 영화 속 음악과 춤의 비중이 워낙 크다 보니 볼리우드 영화는 시간이 지나 상영관에서 내려져도 오랫동안 뮤직비디오로 소비됩니다.

볼리우드 영화는 음악과 춤으로 영화의 내용이 쉽게 이해되기 때문에 해외에 있는 인도 동포들에게 퍼지고, 나아가 그들이 사는 나라에까지 전파되어 인도 문화를 알리는 첨병 역할을 합니다. 인도의 다양한 문화가 음악과 춤을 통해 다문화·다민족 사회와도 이어지면서, 이제는 경쟁력을 갖춘 산업이 되어 우리 곁에 다가와 있습니다.

영국과 러시아가 중앙아시아를 두고 벌였던 그레이트 게임부터 남부 아시아의 패권 국가인 인도까지, 유라시아 대륙의 이모저모를 살펴보았습니다. 지금까지 살펴본 유라시아, 즉 유럽과 아시아를 아우르는 이야기에서 이제 유럽을 이야기해 보려고 합니다. 현대 사회가 겪고 있는 대부분의 지정학적 갈등이 발원한 곳이자 한때 세계의 중심이었던 유럽. 유럽은 어떻게 성장했으며, 지금은 어떤 지정학적 문제를 겪고 있을까요? 이제 우리의 시선은 아시아 중앙에서 튀르키예를 건너 유라시아 대륙의 서쪽에 위치한 유럽으로 향합니다.

3장

통합과 분리의
지정학 교과서,
유럽

유럽 대륙에는 산맥과 하천이 많습니다. 이러한 지형은 지역 간의 교류와 통합을 크게 방해했습니다. 그럼에도 유럽과 아프리카 대륙 사이에 가로로 길게 펼쳐진 지중해가 있어 동쪽의 선진 문명을 받아들일 수 있었고, 자연스레 이 지중해를 차지하려는 패권 다툼이 치열했습니다. 이후 신대륙 발견과 산업 혁명을 거치며 전 세계에 진출한 유럽은 해양 세력의 중심이자 세계의 중심으로 거듭납니다.

하지만 두 차례의 세계 대전으로 살육의 시대를 겪으며 유럽은 국제 사회에서의 지배력을 잃게 됩니다. 이후, 모두의 평화를 위해, 또 세계 초강대국이 된 미국과 경쟁하기 위해 유럽 연합을 창설하고 유례없는 평화와 번영의 시대를 이어가지만, 그동안 유럽 통합이라는 목표 아래 억지로 가려 왔던 갈등들이 드러나며 잦은 분쟁을 겪고 있습니다.

강화된 민족주의와 브렉시트, 난민 문제 등에 의해 유럽 곳곳에서 고조되고 있는 분열의 위기로 유럽은 다시 한번 세계 역사의 중심에서 변방으로 가는 갈림길에 서 있습니다.

지중해의 패권과 유럽의 성장

유럽은 지정학적으로 분열을 지향하는 원심력의 땅입니다. 전체 면적은 중국에 비해 조금 더 크고 인구 밀도는 세계 평균에 비해 높은데, 지리적으로 반도가 많고, 산맥과 하천도 많아 사분오열해 있지요. 이러한 지형들은 지역 간 교류에 장애가 되어 생활권을 한정시켰고, 지형 자체가 그대로 국경이 되기도 했습니다. 고대 그리스에 많은 도시 국가들이 형성되었던 것도 이 때문이었습니다. 유럽 앞마당의 지중해는 동쪽의 문명을 실어 나르며 동서양의 문명이 함께 흐르는 통로가 되고, 지형적 장애물로 막혀 있던 생활권을 확장해 여러 민족을 합치기도, 분리시키기도 했습니다. 현재 유럽은 50여 개의 나라로 구성되어 있습니다.

■ 50여 개 나라로 구성된 유럽

유럽의 지형적 특성

거대한 반도와도 같은 유럽 대륙은 우랄산맥, 캅카스산맥 등을 경계로 아시아와 구분됩니다. 남쪽은 높은 산지가 많아 북쪽에 비해 지대가 높은 편인데, 이는 유라시아판과 아프리카판의 충돌로 알프스-히말라야 조산대가 형성되었기 때문입니다. 유럽 남서부

의 피레네산맥부터 러시아의 우랄산맥까지는 넓은 '유럽 대평원'
이 펼쳐져 있습니다.

북유럽 평원에서 동유럽 평원으로 이어지는 길은 마치 깔때기
모양처럼 러시아로 갈수록 점점 넓어지는 형태라, 유럽과 러시아
양쪽 모두 상대를 방어하기에 유리했습니다. 유럽은 러시아가 침
공해 왔을 때 좁아지는 전선에서 보다 적은 병력으로 러시아군을
막을 수 있지만, 반대로 유럽이 러시아를 침공할 때는 전선이 넓어
져서 보급로를 확보하기 힘듭니다. 러시아는 나폴레옹 1세와 아돌
프 히틀러 등 유럽의 정복자들을 막아 냈지만, 20세기 냉전 시대
의 서유럽으로는 빠르게 진격하지 못했습니다.

서양사의 시작, 남유럽

서양사는 지중해와 인접한 남유럽에서 시작됩니다. 앞서 언급
했듯 지중해는 유럽과 아프리카 대륙 사이에 자리한 바다입니다.
이는 유럽이 메소포타미아 문명과 이집트 문명 등 동쪽의 선진 문
명을 받아들이는 통로가 되었지요. 1869년, 수에즈 운하가 건설되
기 이전까지는 지중해 서쪽의 좁은 지브롤터 해협이 대서양으로
나가는 유일한 출구였습니다.

중동 문명과 유럽 문명이 흐르는 지중해를 통해 유럽의 정세는

빠르게 변동합니다. 특히 남유럽은 반도가 많고, 곶과 만, 섬도 많아 지중해와 접하는 해안선의 길이가 매우 깁니다. 북쪽으로는 높은 알프스산맥으로 막혀 있어 자연스레 바다로의 진출을 모색했고, 강력한 해양 세력으로서 지중해 세계를 이루었습니다.

고대 그리스 역시 산맥이 많고 토양이 척박했기 때문에 일찍이 인근의 에게해 등으로 진출해 폴리스(도시 국가)들을 이루었습니다. 대표적인 폴리스인 아테네와 스파르타는 서로 힘을 합치기도 하고 다투기도 하며 다른 폴리스들을 이끌었습니다. 특히 아테네와 페니키아는 지중해 연안에 많은 식민 도시들을 세우고 이집트, 아시아 등과 중계 무역을 하며 상공업을 발전시켰지요.

이후 서아시아 세계를 통일한 페르시아가 지중해로 진출해 그리스와 전쟁을 벌였으나 그리스인들은 아테네를 중심으로 힘을 합쳐 승리합니다. 그리스는 여러 도시 국가들로 분리되어 있었지만 올림포스 신들을 믿으며 그리스인이라는 하나의 정체성으로 똘똘 뭉쳐 있었습니다. 아테네의 위상은 더욱 높아졌고 인구는 급증했습니다.

아테네와 스파르타는 각각 동맹을 통해 자기 편을 만들어 나갔습니다. 아테네는 델로스 동맹을 형성해 서지중해로의 진출을 시도합니다. 스파르타 역시 펠로폰네소스 동맹을 형성해 그리스 본토와 지중해의 패권을 두고 아테네와 전쟁(기원전 431)을 벌입니다.

이 펠로폰네소스 전쟁은 27년 간이나 계속되었고, 결국 스파르타가 승리했지요. 그리스는 오랜 내분으로 쇠퇴하기 시작합니다. 이 틈을 타 그리스의 북쪽 마케도니아가 성장하고, 이곳에서 그 유명한 알렉산드로스 대왕이 출현하지요.

알렉산드로스 대왕은 그리스와 이집트, 페르시아를 넘어 인도의 인더스강까지 진출해 유럽, 아프리카, 아시아 세 대륙

- 펠로폰네소스 동맹
- 델로스 동맹

에게해

아테네 진출로
아테네
스파르타 진출로
스파르타

■ 기원전 431년에 발발한 펠로폰네소스 전쟁은 결국 그리스의 몰락으로 이어졌다.

에 걸친 대제국을 이루었습니다. 이때 아시아로 전파된 그리스 문화가 동양 현지 문화와 결합해 헬레니즘 문화를 탄생시켰지요. 헬레니즘은 고대 그리스어로 '그리스와 같은'이라는 의미입니다.

지중해 패권을 둘러싼 제국 및 종교의 흥망성쇠

알렉산드로스 대왕이 동쪽으로 진출하던 기원전 4세기경, 서쪽 이탈리아반도에서는 신흥 강대국인 로마가 세력을 키워 가고

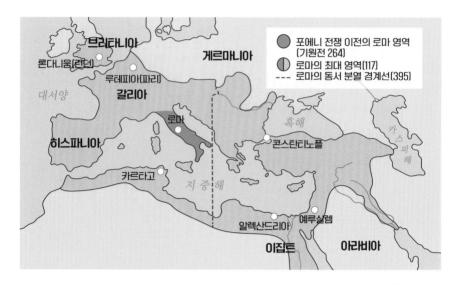

■ 포에니 전쟁 이후 로마 제국은 지중해를 자신들의 호수로 만들어 버렸지만, 지중해가 가로로 너무 길었던 탓에 로마 제국은 동서로 나뉘게 된다.

있었습니다. 한편 승승장구하던 알렉산드로스 제국은 알렉산드로스 대왕이 알 수 없는 이유로 서른 셋 젊은 나이에 갑자기 죽은 후 곧장 분열되었고요.

지중해의 패권을 두고 로마는 페니키아의 식민 도시인 카르타고(오늘날의 튀니지)와의 전쟁, 즉 포에니 전쟁(기원전 264)을 세 차례나 치른 끝에 승리하며 이후 100년에 걸쳐 지중해를 자신들의 호수로 만들어 버렸습니다. 하지만 지중해가 가로로 너무 길어 관리하기 힘든 탓에 로마는 동서로 나누어졌습니다. 지중해의 지형이

제국의 운명을 결정한 것입니다. 서기 330년, 로마 제국이 수도를 로마에서 콘스탄티노플(오늘날의 이스탄불)로 옮긴 것은 당시 지중해 세계의 중심이 어디였는지를 가늠할 수 있게 합니다.

이후 콘스탄티노플은 동지중해의 무역 거점이 되었습니다. 지중해의 중심이 동쪽으로 치우치게 되자 서로마는 오래 못 가 멸망하고, 그 자리에는 북쪽에서 내려온 게르만족의 왕국이 들어섰습니다. 이에 반해 동로마는 오래 지속되어 비잔티움 제국으로 자리매김하게 되지요.

한편, 북동쪽에서 발칸반도로 내려온 슬라브족은 비잔티움 제국에 정착해 동방 정교회를 받아들였습니다. 로마가 동서로 분리되면서 크리스트교도 동방 정교회와 로마 가톨릭교로 분리되었습니다. 로마 가톨릭은 교황청을 중심으로 영향력을 키워 갔습니다.

몽골과 중앙아시아 지역에서 유목하던 돌궐족이 중동 지역으로 오면서 튀르크족이라 불리기 시작했는데, 이들은 원주민의 이슬람교를 받아들이며 세력을 넓혀 나갔습니다. 마침내 크리스트교의 성지인 예루살렘을 빼앗고, 크리스트교를 믿는 사람들을 박해하며 비잔티움 제국을 위협했지요. 이에 비잔티움 제국은 교황청에 도움을 청하고, 교황은 여러 차례 십자군을 파견하며 예루살렘을 되찾기 위해 전쟁을 벌입니다. 이것이 바로 1095년부터 1291년까지 약 200년 동안 진행된 크리스트교와 이슬람교 세력

간의 십자군 전쟁입니다.

십자군은 예루살렘을 되찾았다 다시 빼앗기기를 반복하지만 결국 이집트를 중심으로 성장한 맘루크 왕조가 크리스트교 세력을 전부 내쫓으면서 전쟁은 끝났습니다. 기나긴 전쟁 기간 동안 이탈리아의 도시 국가들, 특히 항구 도시 베네치아와 제노바는 십자군 및 전쟁 물자 등을 지중해로 실어 나르며 급성장해 부를 축적했습니다. 이후 15세기 셀주크 제국의 뒤를 이은 오스만 제국이 아나톨리아, 발칸반도까지 진출하며 비잔티움 제국을 멸망시키고 이슬람 제국으로 발전했습니다.

고대 그리스부터 비잔티움 제국까지 지중해 세계의 중심은 동지중해였기 때문에 지중해 서쪽 끝에 위치한 이베리아반도는 지중해 패권에서 소외되어 있었습니다. 북유럽에서 로마로 내려온 게르만족은 아시아 초원의 유목 민족인 훈족에게 밀려나고, 이때 게르만족의 한 부족이었던 서고트족이 서로마가 멸망한 이베리아반도에 정착했습니다. 가톨릭의 서고트 왕국은 이베리아반도 대부분을 정복하며 번영을 이루었지만 지중해 남쪽 이슬람 세력의 우마이야 왕조에 의해 멸망하고, 후에 세워진 가톨릭 왕국들은 이베리아반도의 북쪽 작은 영토만을 차지하게 되었지요. 이에 이베리아반도 크리스트교 세력의 레콩키스타Reconquista가 시작됩니다.

스페인어인 레콩키스타는 '재re', '정복conquista'이란 뜻으로, 이슬람 세력으로부터 빼앗긴 영토를 되찾기 위한 국토 수복 운동입니다. 이 전쟁은 711년부터 1492년까지 무려 781년이나 이어졌지요. 크리스트교 세력은 스페인과 포르투갈로 분화되고, 이베리아반도 남쪽 그라나다에 남은 이슬람 세력을 완전히 몰아내며 레콩키스타를 끝냈습니다.

이렇게 지중해는 종교 지형 형성에도 큰 영향을 주었습니다. 지중해를 중심으로 북쪽의 유럽은 크리스트교, 남쪽의 북아프리카는 이슬람교 비중이 높고, 크리스트교와 이슬람교 세력이 교차한 발칸반도는 다양한 종교가 분포하며 여전히 종교적 이질성으로 갈등을 겪고 있습니다.

대항해 시대, 더 넓어진 세계

15세기 이슬람의 오스만 제국이 동지중해를 차지하면서 유럽의 동방 무역 통로가 막히게 되었습니다. 당시 유럽에서는 이탈리아의 여행가 마르코 폴로가 쓴 《동방견문록》의 영향으로 동양에 대한 관심이 높았고, 인도의 향신료 후추가 최고의 인기를 구가했습니다. 십자군 전쟁 때 비잔티움 제국과 이슬람 문화를 접하면서 자연스레 동방 무역이 크게 증가했고요. 이때 들어온 나침반은 유럽의 항해술을 크게 발전시켰습니다.

이에 유럽은 오스만 제국에 의해 막힌 동지중해를 대신할 다른 바닷길을 찾아 나섭니다. 1488년 포르투갈의 바르톨로메우 디아스가 아프리카 남단의 희망봉을 발견하고, 1492년 스페인 여왕의 후원을 받은 이탈리아 출신의 크리스토퍼 콜럼버스가 아메리카 신대륙을 발견하지요. 이에 '지구는 둥글다'는 확신과 함께 신항로가 개척되고 이른바 '대항해 시대'가 열렸습니다. 그동안 유럽 변방에 불과했던 스페인과 포르투갈이 레콩키스타 이후 신항로 개척에 앞장서며 역사의 중심으로 부상하고요. 1571년, 스페인은 교황을 포함한 크리스트교 세력의 신성 동맹을 형성해 오스만 제국으로부터 지중해 패권을 빼앗아왔습니다. 이때 스페인 해군은 대활약을 펼쳐 '무적 함대'라는 별명을 갖게 되었지요.

지중해에서 대서양으로

신항로가 개척되고 신대륙이 발견된 이 대항해 시대를 '지리상의 발견' 시대라고도 합니다. 동양과 신대륙으로의 무역량이 많아지면서 유럽 무역의 중심은 기존 지중해에서 자연스레 대서양으로 이동합니다. 개척과 발견으로 '세계'가 넓어지면서 지중해의 지정학적 가치가 쇠퇴하기 시작한 것입니다.

16세기 초, 지리상의 발견을 주도한 스페인은 대서양 건너 아스테카 문명, 잉카 문명을 정복하며 세력을 크게 넓혀 나갔습니다. 아메리카 대륙에서 발견된 막대한 양의 금과 은이 스페인으로 유입되었지요. 당시 유럽에서는 금은을 화폐로 사용했고, 특히나 스페인은 금은을 매우 중시하는 중금주의重金主義의 대표적인 나라였

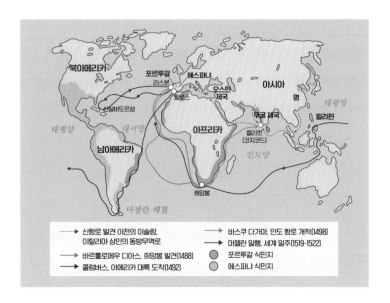

■ 신항로가 개척되고 신대륙이 발견된 '지리상의 발견' 시대

습니다. 이에 스페인에서는 점점 더 많은 사람이 일확천금의 꿈을 안고 아메리카 대륙으로 몰려갔습니다.

　광산을 개발하기 위해 아메리카의 원주민인 인디오들은 강제 노동에 내몰렸습니다. 하루 10시간 이상씩 30년을 일해야 풀려날 수 있는 노동 착취의 현장에서 많은 인디오가 목숨을 잃었습니다. 인디오로도 부족해 아프리카에서도 수많은 사람을 노예로 데려오기 시작했지요. 대서양을 중심에 둔 유럽, 아메리카, 아프리카 사이의 삼각 무역이 형성된 것입니다.

스페인의 몰락과 영국의 부상

스페인에 쌓인 엄청난 양의 금과 은은 아이러니하게도 스페인에 위기를 불러일으킵니다. 금은이 유럽 전역으로까지 흘러들어 스페인뿐만 아니라 유럽 여러 나라에서 화폐 가치가 크게 하락했고, 물가는 급격히 상승했습니다. 이 사건을 '가격 혁명'이라 합니다. 물가를 따라 인건비도 치솟으면서 스페인의 지출은 커져만 갔지만, 스페인은 패권국의 위용을 유지하기 위해 전쟁 비용도 기하급수적으로 늘렸습니다. 이에 부채가 심각하게 불어났고, 이런 상황에 아메리카의 금은 생산량도 점점 줄어들어 스페인은 쇠퇴의 길로 접어들었습니다.

반면 영국과 네덜란드는 흘러드는 금은을 축적하고, 활짝 열린 신대륙을 발판으로 제국주의 시대를 열었습니다. 식민지를 개척하면서 광대한 해외 시장이 열렸고, 식민지로부터 값싸게 원료를 공급받아 상공업이 급속도로 발달하게 되었지요. 이 상업 혁명으로 영국은 막대한 부를 축적해 산업 혁명의 기반을 마련했습니다. 이제 대서양을 중심으로 한 신항로 패권의 축은 이베리아반도를 거쳐 영국으로 넘어가게 되었습니다.

영국과 프랑스의 패권 다툼

초기 영국과 프랑스 역사의 경계는 명확하지 않았습니다. 영국 노르만 왕조(1066~1154)의 초대 왕이자 '정복왕'이라 불린 윌리엄 1세가 실은 프랑스 노르망디의 공작이었기 때문입니다.

영국의 왕이 프랑스 왕위 계승에 관여하고, 프랑스는 영국이 지배하는 플랑드르를 공격하는 복잡한 관계 속에 백 년 전쟁(1337~1453)이 벌어집니다. 엎치락뒤치락하며 이어진 전쟁에서 결국 프랑스가 승리했고, 이를 기점으로 영국과 프랑스의 관계는 완전히 분리되었지요.

기나긴 전쟁 동안 왕을 중심으로 뭉치다 보니 강화된 왕권을 바탕으로 민족주의가 태동하기 시작했습니다. 이러한 분위기 속에서 영국은 스페인을 견제하며 본격적으로 대서양을 향해 진출합니다. 마침내 16세기 말엽, 엘리자베스 1세 때 스페인의 '무적함대'를 꺾고 영국은 해양 강국으로 급부상하지요.

해가 지지 않는 나라, 대영 제국의 시대

엘리자베스 1세는 강력한 리더십으로 동방 무역 독점을 위한 동인도 회사를 설립하고, 식민지를 건설하며 대영 제국의 토대를 마련해 나갔습니다. 이후 의회의 권력이 강해지면서 제임스 2세 때 명예혁명(1688)으로 입헌 군주제가 확립되고, 잉글랜드·스코틀랜드·웨일스를 병합해 의회 중심의 그레이트브리튼 왕국이 출범(1707)했습니다.

그레이트브리튼 왕국이 된 영국은 전 세계를 항해하며 식민지를 확장해 나갔습니다. 식민지 중 미국은 관리가 소홀해진 틈을 타 독립(1776)해 버리기는 했지만, 다른 식민지에서 나오는 막대한 부를 기반으로 대영 제국의 식민지 개발은 가속화되었습니다. 때마침 산업 혁명으로 증기 기관이 발명되면서 항해술도 더욱 발전했지요. 영국은 남극 대륙을 빼고는 모든 대륙에 식민지를 가지고 있어 '해가 지지 않는 나라'로 불렸습니다. 인류 역사에 유례없는 거대 제국이었습니다.

15세기 중반, 섬나라 잉글랜드가 프랑스와의 백 년 전쟁에서

영국은 월드컵에 4개 팀이나 출전한다고?

영국은 월드컵에 잉글랜드, 스코틀랜드, 웨일스, 북아일랜드가 각각 따로 출전합니다. 월드컵 출전은 올림픽과 달리 국가 기준이 아니라 축구 협회 기준이기 때문이긴 한데, 한 나라에 네 개의 축구 협회가 존재한다는 것은 의아한 일이지요.

아주 오래전, 영국에는 가까운 이베리아반도에서 이주해 온 이베리아인들이 살고 있었고, 기원전 6세기 무렵부터는 프랑스 남부 지방의 켈트족이 유입되었습니다. 이후, 비옥한 잉글랜드 땅이 로마 제국에 점령되면서 켈트족은 북쪽 산악 지대로 내쫓기게 됩니다. 그러나 영원할 것만 같았던 로마 제국이 쇠퇴함에 따라 410년, 로마는 잉글랜드에서 철수합니다. 로마가 물러나니 북쪽의 바이킹으로부터 잦은 침공을 받게 된 잉글랜드는 유럽 대륙에서 게르만족의 한 부족인 앵글로색슨족을 끌어들입니다. 그러다 되레 앵글로색슨족에게 땅을 빼앗겨 버리고 말았지요.

이러한 과정을 거치면서 영국에는 여러 민족이 각 지역에 적응해 살아가며 각각의 고유한 문화를 형성했고, 오늘날과 같이 잉글랜드, 스코틀랜드, 웨일스, 북아일랜드가 연합한 나라가 된 것입니다.

패하며 유럽 대륙에서 발을 뺀 후, 유럽에서는 자국의 국경선을 지키고 넓히기 위한 국가 간 대립이 격화되었습니다. 이 틈에 영국은 유럽 대륙에서 대서양으로 눈을 돌렸고, 강력한 해양 세력으로 성장했습니다. 더 넓은 세상을 향한 지리적 상상력으로 고립된 섬나라의 불리한 지정학적 한계를 극복한 것입니다.

나폴레옹의 지정학적 도전

1789년, 프랑스에서는 왕정에 대한 반발로 대혁명이 일어납니다. 인권 선언문 선포, 군주제 폐지, 자유·평등·박애 이념의 공화정 선언 등 새로운 시대를 여는 역사적 사건이 이어졌습니다. 그 가운데 루이 16세의 참수는 유럽의 세력 균형 질서에 충격을 주었습니다.

프랑스는 서부 유럽 중심부에 위치하고 있어 여러 나라들과 국경을 맞대고 있었습니다. 따라서 프랑스 대혁명은 유럽 전역으로 쉽게 퍼져나갈 수 있는 지정학적 조건을 갖추고 있었지요. 혁명의 불길이 자신들의 왕정까지 무너뜨릴 것을 두려워한 오스트리아와 프로이센 등은 동맹을 형성해 여러 차례 프랑스를 침공했습니다. 프랑스는 전 유럽을 상대로 전쟁을 벌여야 하는 매우 어려운 상황에 처했는데, 바로 이때 나폴레옹이 등장했습니다. 대對프랑스 동맹에 맞서 나폴레옹은 프랑스 혁명 전쟁을 일으켰습니다.

나폴레옹은 오랜 앙숙인 영국을 견제하고자 영국과 영국 식민

지들 간의 통로를 끊기 위한 이집트 원정(1798~1799)을 감행했습니다. 프랑스가 이집트를 점령하는 데 성공했지만, 영국은 강력한 해군력으로 이집트와 프랑스를 잇는 바닷길을 봉쇄해 나폴레옹을 이집트에 고립시켰습니다. 우여곡절 끝에 프랑스로 돌아온 나폴레옹은 알프스산맥을 넘어 오스트리아를 격파했고, 프랑스 시민들의 압도적인 지지를 받아 황제가 되었습니다.

나폴레옹의 프랑스는 다시 한번 트라팔가르 해전(1805)에서 영국과 맞붙지만 패배하고 말았습니다. 해군력의 열세를 인정할 수밖에 없었지요. 이에 바다 건너 영국으로의 진출은 나중으로 미룬 채 러시아 쪽으로 진출했고, 아우스터리츠 전투(1805)에서 오스트리아와 러시아 연합군을 격파하며 프랑스는 마침내 유럽 대륙의 패권을 장악했습니다.

나폴레옹은 러시아를 비롯한 동쪽 세력으로부터의 공격을 막기 위해 프랑스와 러시아 사이에 자리한 독일의 중소 연방 국가들을 부추겨 라인 동맹을 체결(1806)함으로써 동쪽 완충 지대를 만들었습니다. 라인 동맹은 사실상 나폴레옹의 꼭두각시로, 러시아의 진격에 대비한 방어막이었습니다. 이 덕에 프랑스는 다시금 전쟁의 방향을 서유럽에 집중할 수 있게 되었지요.

다시 나폴레옹은 끊임없이 위협을 가해 오는 영국을 처리하기로 합니다. 우선 섬나라 영국을 경제적으로 고립시키고자 대륙 봉

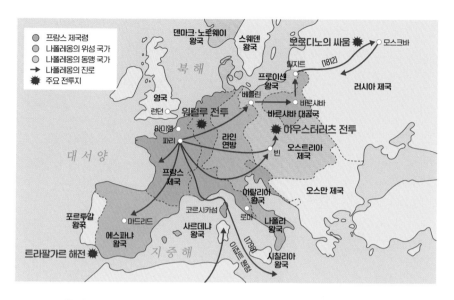

■ 나폴레옹 시기의 프랑스

쇄령(1806)을 내립니다. 자원이 부족한 영국이 유럽 대륙으로부터의 수입에 의존하고 있는 점을 노린 것입니다. 그러나 봉쇄령이 길어지자 유럽 대륙에서 먼저 불만의 목소리가 커졌습니다. 유럽 국가들 역시 영국에 대한 경제 의존도가 높았고, 영국을 통해 들여오는 전 세계 식민지의 물자들은 이제 유럽 대륙의 필수재가 되어 있었기 때문입니다.

포르투갈, 스페인, 그리고 러시아마저 영국과 밀무역을 시작하자 나폴레옹은 러시아 원정(1812)을 결정했습니다. 러시아의 드넓은 대자연을 뚫고, 러시아군을 패퇴시키며 모스크바에 입성했지만 그 과정에서의 엄청난 피해로 얼마 못 가 철수하게 되었지요. 이어서 영국·프로이센·네덜란드 연합군과의 워털루 전투(1815)에서 패하며 나폴레옹의 시대는 대망의 막을 내리게 되었습니다.

국경선을 맞대고 있는 나라들은 가까이에 있어도 서로 다른 지정학의 역사를 그려 나가는 경우가 많습니다. 가까울수록 서로 영향을 크게 미치고, 각자의 국경을 지키면서도 세력을 넓혀 나가기 위해서는 다툼이 많아질 수밖에 없습니다. 나폴레옹의 활약으로 강대국이었던 오스트리아가 쇠퇴하면서 오스트리아와 인접한 프로이센이 상대적으로 강화되는 계기가 되었습니다. 소공국으로 분열되어 있던 프로이센은 주변 강대국들의 위협 속에서 민족의식을 발현시켜 통합의 기틀을 마련했습니다.

나폴레옹은 프랑스 대혁명으로 탄생한 자유주의와 민족주의를 북유럽 평원을 통해 전 유럽으로 확산시켰습니다. 그러나 대륙에만 전념한 나머지 해양을 통한 식민지 경쟁에서 영국에 밀리며 결국 유럽에서의 주도권을 상실하게 되었습니다.

프로이센 중심의 통일(1862)을 이룬 독일은 철강 및 화학 산업을 바탕으로 눈부신 경제 성장까지 이루었고, 게르만족의 제국을 만들고자 더욱 힘을 키워 갔습니다. 독일이 같은 게르만족인 오스트리아와는 가까이하고 슬라브족인 러시아와는 멀리하자, 러시아는 독일을 견제하기 위해 독일 서쪽에 붙은 프랑스와 러불 동맹(1892)을 맺었습니다. 이는 독일을 포위하는 형국을 만들어 낸 매우 절묘한 지정학적 선택이었지요.

한편 영국은 만주와 한반도로 세력을 넓혀 가려는 러시아를 견제할 목적으로 아시아의 신흥 강국 일본과 영일 동맹(1902)을 맺었습니다. 당시 일본은 만주와 한반도 지역을 두고 러시아와 경쟁 관계에 있었습니다. 또한 영국은 독일의 성장을 견제하고자 오랜 앙숙인 프랑스와도 영불 협상(1904)을 맺었습니다. 페르시아의 테헤란에서 민중 봉기가 일어나자 이 지역을 함께 노리고 있었던 러시아와도 영러 협상(1905)을 맺으며 유럽에서는 영국·프랑스·러시아 삼국 협상(1907)이 체결되었습니다.

지정학 갈등의 폭발, 제1차 세계 대전

시간이 지날수록 독일 – 오스트리아 연합과 영국·프랑스·러시아 삼국 협상의 대립이 심화됐고, 이 대립은 유럽의 화약고라 불리는 발칸반도에서 폭발했습니다. 발칸반도는 유럽과 아시아를 잇는 문명의 교차로로, 다양한 민족이 살고 있습니다.

이 발칸반도에 자리한 세르비아는 국민의 대다수가 러시아와 같은 슬라브족이라 러시아의 경제적·군사적 지원을 받고 있었습니다. 이를 기반으로 세르비아는 역시나 많은 슬라브족이 살고 있는 보스니아와의 통일을 꾀했습니다. 하지만 1908년에 오스트리아가 한발 먼저 보스니아를 식민지로 만들어 버렸지요.

바로 이 지점에서 세계사를 뒤흔든 사건이 발생합니다. 보스니아의 수도 사라예보를 방문한 오스트리아 황태자 부부가 세르비아계 청년의 총격으로 사망한 것입니다. 이 '사라예보 사건'(1914)을 계기로 오스트리아는 세르비아에 전쟁을 선포하는데, 이는 곧 게르만족과 슬라브족, 민족 간의 전쟁을 의미했습니다. 자연스레 독일 - 오스트리아 연합과 삼국 협상 세력의 대결 구도가 형성되었고요. 지정학적으로 국가들이 지리적 블록을 결성하게 되면 그 후엔 전쟁 발발의 위험이 극도로 높아집니다. 양국 간 대화로 풀 수 있는 문제도 세력 다툼이 되어 큰 싸움으로 번질 수 있기 때문이지요.

마침내 1914년 제1차 세계 대전이 발발했습니다. 독일은 서둘러 전쟁을 끝내고자 동부 전선에 비해 상대해야 할 국가 수가 적은 서부 전선부터 공격했습니다. 서부 완충 지대인 벨기에를 통해 프랑스로 들어갈 계획을 세웠으나 벨기에가 예상보다 거세게 저항한 탓에 프랑스로 진입하는 데 많은 시간이 소요되었지요. 이때 벨기에를 보호하고 있던 영국과, 영일 동맹을 맺은 일본까지 참전하기에 이릅니다.

이윽고 동부 전선에서도 전면전이 시작되자 독일은 서부 전선의 병력 상당수를 동부 전선으로 이동시켰습니다. 이 기회를 틈타 프랑스는 택시 동원령까지 내려 가며 서부 전선에서 총력을 기울였습니다. 결국 독일은 초기 승기를 잡지 못했습니다. 이제 독일을 중심으로 서부와 동부, 양 전선에서 전개된 전쟁은 이후 4년여 동안 지옥의 참호전으로 이어졌습니다. 산업 혁명으로 증기 기관과 철도가 도입되어 대량의 군수 물자가 빠르게 보급되고, 기관총과 탱크 같은 신무기가 속속 투입되면서 엄청난 사상자를 발생시켰지요.

이 무렵 독일은 마구잡이식 공격으로 영국 여객선까지 격침했고, 배에 함께 타고 있었던 미국인 다수가 사망하는 사건이 발생했습니다. 게다가 독일이 멕시코에 미국을 공격하라고 보낸 비밀 전보가 공개되면서 중립국이었던 미국도 제1차 세계 대전에 참전하게 되었습니다. 이후 러시아는 경제가 어려워지면서 전쟁에서 발을 빼고, 미국·영국·프랑스 연합국은 1919년 11월 11일, 독일로부터 항복을 끌어냈습니다.

제1차 세계 대전이 끝난 후 프랑스 베르사유 궁전에서 파리 강화 회의가 열렸습니다. 이때 체결된 베르사유 조약으로 독일에 1,320억 마르크, 오늘날 우리 돈으로 약 300조 원이 넘는 배상금이 부과되었고, 독일은 초인플레이션을 겪으며 몰락하게 되었습니다. 한편 제1차 세계 대전에서 발을 뺀 러시아는 소련 공산당의 창시자 블라디미르 레닌의 10월 혁명 성공으로 소비에트 사회주의 공화국 연방, 소련이 되어 있었습니다.

더 커진 지정학 대전, 제2차 세계 대전

이 혼돈의 시기에 오스트리아 태생의 아돌프 히틀러가 역사의 무대에 등장했습니다. 히틀러는 국가 사회주의 독일 노동당, 나치 Nazi를 결성(1920)했습니다. 히틀러는 베르사유 조약을 일방적으로 파기해 독일을 재무장시켰고, 레벤스라움Lebensraum을 주창하며 게르만족 국가인 오스트리아, 체코슬로바키아를 차지했습니다. 레벤스라움은 '삶을 위한 공간'이라는 뜻의 독일어로, 나치가 전 유럽을 게르만족의 레벤스라움으로 만들겠다는 이념이자 정책입니다.

이에 영국, 프랑스 등의 연합국이 다시 형성되었고, 독일은 폴란드를 사이에 두고 소련과 독소 불가침 조약을 맺었습니다. 나폴레옹의 러시아 방어막이 되었던 라인 동맹처럼 이번에는 폴란드가 독일과 소련 두 강대국에 끼여 서로의 방어막 역할을 하게 된 것입니다. 그러나 1939년 9월 1일 새벽, 독일은 폴란드를 침공했습니다. 이에 영국과 프랑스가 대독 선전 포고를 하며 제2차 세계 대전의 막이 올랐습니다.

폴란드를 점령한 히틀러는 이어서 앙숙 프랑스를 침공했고, 프랑스는 독일과의 국경을 따라 만든 요새인 마지노선maginot線을 지키며 방어했습니다. 마지노선은 프랑스의 육군 장관 마지노의 이름을 딴 요새선으로, 여기서 유래해 우리가 일상에서 '최후 방어선'이라는 뜻으로 쓰기도 하지요. 프랑스는 마지막 자존심으로서 마지노선을 지켰지만, 독일군은 마지노선 북쪽 끝에 자리해 있던 벨기에 쪽 아르덴 숲을 통해 프랑스 파리로 진입합니다. 프랑스와 벨기에의 경계에 마지노선을 마저 구축하지 못한 것이 문제였습니다.

애초에 벨기에는 프랑스의 마지노선 구축에 반대했었습니다. 독일이 프랑스를 침공할 경우 제1차 세계 대전 때처럼 벨기에를 통하게 될 것인데, 프랑스가 마지노선을 중심으로 방어하면 마지노선 밖 벨기에는 프랑스의 도움을 받기가 힘들어지기 때문입니다. 또한 프랑스와 벨기에의 경계는 평야 지대로, 요새화하기에 시간과 비용이 많이 들었습니다. 프랑스는 이 같은 지정학적 문제들을 극복하지 못해 결국 독일군에게 수도 파리를 점령당하고 말았습니다.

이 시기 일본은 세계 대공황을 극복하지 못하고 극단적 민족주의의 파시즘과 제국주의에 빠져 있었는데, 공산주의 국가 소련을 견제하는 독일과 뜻이 같았습니다. 이탈리아는 에티오피아를 식민지로 삼으려다 실패해 국제적 고립 상태에 처하게 됐고요. 이렇게 서로의 이해관계가 맞아떨어지면서 독일·일본·이탈리아는 삼국동맹(1940)을 맺습니다.

한편 히틀러는 소련에서 스탈린이라는 자가 권력을 잡기 위해 군 지휘관을 숙청하고 있다는 소식을 듣게 되었습니다. 이를 기회로 삼아 독소 불가침 조약을 어기고 1941년에 소련을 침공하지만 패배했지요. 서부 전선에서는 미국·영국·프랑스 연합군의 노르망디 상륙 작전이 성공하고, 동쪽으로는 소련군이 밀고 들어와 마침내 독일의 수도 베를린을 점령했습니다. 결국 히틀러는 1945년 4

■ 무솔리니와 히틀러. 이탈리아의 수상이었던 무솔리니는 극단적 민족주의 '파시즘'의 창시자였다.

월 베를린 지하 벙커에서 스스로 목숨을 끊었고, 5월 8일 독일이 공식적으로 항복 문서에 서명하면서 제2차 세계 대전은 막을 내리게 됩니다.

지정학의 원심력을 버텨라

유럽은 양차 세계 대전으로 살육의 시대를 겪으며 과거의 악몽을 되풀이하지 않기 위해 평화와 경제 번영을 목표로 하는 기구 유럽 공동체EC를 출범(1967)시키고, 이를 바탕으로 마침내 유럽 연합을 결성(1993)했습니다. 세계 초강대국이 된 미국과 경쟁하고, 지나친 민족주의를 지양할 필요가 있었기 때문입니다.

통합으로 평화와 번영을 지향하는 유럽 연합은 2013년에 가입한 크로아티아까지 총 28개국의 회원국을 두고 있었지만, 2008년 세계 금융 위기 이후 균열이 가속화되고 있습니다. 특히 2012년 독일 국민들은 그리스를 경제 위기에서 구해 내는 데 자신들의 세금이 흘러들자 강한 반감을 품었습니다. 그리스 또한 독일의 간섭을 받는 것이 불만이었습니다. 독일이 그리스의 위기를 순수한 마음만으로 걱정하고 도와주는 것이 아님을 알기 때문입니다. 유로존 안에서 유로화를 사용하는 국가가 많을수록 큰 이득을 보는 나라는 바로 수출 중심의 국가인 독일입니다. 당연히 독일은 유럽 연합을 유지하기 위해 애쓰고 있습니다. 세계 3위의 수출 대국으로서 유럽 연합이라는 가장 가깝고도 넓은 시장을 유지하고 싶기 때문이지요.

유럽 연합에는 브렉시트Brexit 문제도 있습니다. 브렉시트란 영국을 뜻하는 브리튼Britain과 탈출을 뜻하는 엑시트Exit의 합성어로, '영국의 유럽 연합 탈퇴'를 의미합니다.

그동안 영국은 식민지 관리 등의 해외 경영에 주력하며 유럽 대륙과는 거리를 유지하다 필요할 때만 관계를 맺는 '영광스러운 고립'의 길을 택해 왔습니다. 하지만 미국과 소련이 급부상하고, 민족 자결주의의 영향으로 식민지들의 독립 요구가 잇따르며 해외 수출 시장이 축소되자 새로운 활력을 모색하다 유럽 연합에 가입했습니다.

시간이 흐를수록 통합을 지향하는 유럽 연합 내에서, 약화된 주권과 높은 분담금으로 영국의 불만은 쌓여 갔습니다. 결국 2016년 브렉시트에 대한 국민 투표가 실시됐고, 51.9%가 탈퇴를 선택해 2020년에 공식적으로 유럽 연합에서 탈퇴하게 되었습니다.

유럽 연합 탈퇴 후, 영국 북부를 차지하고 있는 스코틀랜드의 독립 요구가 날로 거세지고 있습니다. 스코틀랜드는 본래 잉글랜드와 다른 민족이고 자치권도 가지고 있는데, 그동안 유럽 연합이라는 거대한 이데올로기 안에서 독립의 의지를 억눌러 왔던 것이지요. 스코틀랜드의 독립은 영국에게 군사적으로도 큰 치명타가 됩니다. 그린란드Greenland―아이슬란드Iceland―영국United Kingdom을 잇는 해상의 좁은 통로를 'GIUK 갭gap'이라고 하는데, 스코틀랜드가 영국으로부터 독립할 경우 이 GIUK 갭을 통해 러시아가 대서양으로 진출하는 것을 막는 데 어려움이 생길 수 있습니다. 영국의 입장에서는 과거 영국과 러시아 사이에 있었던 그레이트 게임의 악몽을 불러오는 상황이 되는 것입니다.

스코틀랜드 외에도 유럽 곳곳에서 분리주의 운동이 벌어지고

■ 러시아의 대서양 진출 통로가 될 수도 있는 GIUK 갭

있습니다. 그중 스페인 카탈루냐 지역의 분리 문제는 매우 심각합니다. 스페인의 지형은 중앙부의 마드리드를 제외하면 사방에 산지가 뻗어 있는 형국입니다. 산지는 지역 간의 원활한 교류를 방해하는 장애물이 되었고, 그 결과 지역마다 고유한 정체성을 가지게 되었습니다.

스페인과 프랑스 사이에는 피레네산맥이 경계를 형성하고 있습니다. 이 산맥은 스페인 입장에서 외부의 침입을 막아 주는 커다란 장벽과도 같습니다. 산맥은 해안 쪽으로 갈수록 낮아졌기 때문에 사람들은 산맥의 양 끝을 통해 이베리아반도와 유럽 대륙을 왔다 갔다 했습니다. 이 때문에 피레네산맥 동쪽 끝의 카탈루냐 지역과 서쪽 끝의 바스크 지역에는 각각 독립적인 정체성이 형성되었지요.

이들은 스페인으로부터의 분리 독립을 강력하게 원하고 있습니다. 스페인에서 두 번째로 큰 도시이자 항구 도시인 바르셀로나가 속한 카탈루냐는 1인당 국내 총생산이 스페인 전체 평균보다 높고, 독자적으로 카탈루냐어를 쓰며, 별도의 국기를 사용합니

■ 피레네산맥의 동쪽 끝에는 카탈루냐가, 서쪽 끝에는 바스크가 위치해 있다.

다. 2008년 세계 금융 위기 때 스페인 중앙 정부가 카탈루냐의 세금을 불공정하게 쓴다는 카탈루냐의 주장으로 갈등이 심화됐고, 2014년과 2017년에는 분리 독립 투표가 실시되기도 했습니다. 투표율이 높지는 않았지만 독립 찬성표가 압도적으로 많았습니다.

카탈루냐가 독립하면 유럽 내 다른 지역의 연쇄적인 분리 독립 운동을 부추길 수 있고, 스페인으로서는 피레네산맥 동쪽 끝의 방어선이 뚫리게 됩니다. 만약 카탈루냐가 독립하고, 유럽 연합 가입까지 승인되면 독립을 원하는 타 지역들을 자극해 유럽 연합의 분열을 가속할 수 있고, 가입이 불허되면 유럽에 영향력을 행사하고 싶어 하는 러시아, 중국과 우호 관계를 형성할 수도 있습니다.

유럽 내 증가하고 있는 무슬림 문제도 심각합니다. 중동과 북아프리카로부터 몰려드는 난민의 유입으로 무슬림이 급증하고 있는데, 유럽의 백인 인구는 점점 고령화되고 있습니다. 이렇게 기존 유럽인들의 영향력이 점차 감소하고 있어 중동 지역에 대한 정책에 무슬림 주민들의 정서를 고려할 수밖에 없는 실정입니다. 또한 유럽 주민과 난민의 종교 및 문화 차이로 인한 사회적 갈등, 극단주의자들의 테러리즘 문제도 동반하고 있지요.

제2차 세계 대전 이후 유럽은 이제 러시아와 미국의 지정학적 전략이 충돌하는 무대가 되었습니다. 러시아는 발트해 지역을 관리하기 위해 발트해 연안에 칼리닌그라드라는 역외 영토를 두고, 이곳에 주력 함대를 배치했습니다. 이런 러시아를, 또 과거엔 소련을 견제 및 봉쇄하고자 미국은 북대서양 조약 기구, 나토NATO를 활용합니다. 나토는 1949년 미국·캐나다·영국·프랑스·독일 등 12개국이 결성한 군사 동맹으로, 회원국이 무력 공격을 받을 경우 나토전체가 공격받은 것으로 간주해 지원하기로 동의했습니다. 미국은 유럽 땅에 안보 장치를 마련한 것과 다름없지요. 미국 중심의 세계 질서에 편입하기 위해 여러 나라가 나토 가입을 희망하며, 나토의 영향력은 점점 더 커지고 있습니다. 현재 러시아와 전쟁을 치르고 있는 우크라이나 또한 나토 가입을 희망하고 있습니다.

우크라이나는 러시아와 유럽 사이에 위치하고 있어 러시아와 서방 세계의 완충지가 되어 왔습니다. 프랑스에서부터 러시아까지 이어진 평원은 침략과 방어가 쉽기도, 어렵기도 한 지형이기 때문입니다. 하지만 러시아의 크림반도 병합으로 위협을 느낀 우크라이나가 나토 가입 의사를 밝히면서 러시아는 다급해졌습니다. 나토가 발트 삼국과 폴란드를 가입시키며 동진하는 것에 불만을 느끼고 있던 러시아는 결국 2022년 2월, 우크라이나의 비무장화를 명분으로 우크라이나를 침공해 전쟁을 일으켰습니다. 전쟁의 피해는 날로 커지고 있지만 나토는 결집력을 회복했고, 이를 통해 미국은 러시아를 견제하며 유럽에 대한 영향력을 더욱 키웠습니다.

이렇듯 다시 유럽 곳곳에서 분열과 대립이 감지되고 있습니다.

미국의 주도하에 평화를 유지하는 '팍스 아메리카나Pax Americana'의 시대, 유럽은 앞으로 어떤 선택을 하게 될까요?

이제 우리는 대서양을 건너갑니다. 그곳엔 지나간 역사의 중심인 유럽을 대신해 오늘날 세계의 중심으로 비상한 아메리카가 있습니다. 변방에 불과했던, 그리고 수탈의 대상에 불과했던 아메리카는 어떻게 새로운 중심으로 성장할 수 있었을까요? 이제 유럽을 떠나 팍스 아메리카나의 시대를 연 신대륙 아메리카로 떠납니다.

4장

미지의 땅에서
세계의 중심으로,
아메리카

1492년 10월, 이탈리아의 탐험가 크리스토퍼 콜럼버스가 카리브해 바하마의 산살바도르섬에 도착했습니다. 스페인 남부의 도시 세비야에서 출발한 지 두 달 만이었지요.

스페인의 경쟁국이었던 포르투갈이 동쪽으로 항로를 개척해 인도에 도달한 것을 본 콜럼버스는 지구는 둥글기에 반대 방향인 서쪽으로 가도 인도에 도달할 수 있다고 생각했습니다. 인도의 값비싼 향신료를 싸게 구할 수 있다는 희망과 부에 대한 욕망을 안고 모험을 떠난 콜럼버스는 죽는 순간까지 자신이 인도에 도착한 것이라 믿었습니다. 그래서 이 땅의 원주민들을 '인도인'이라는 뜻의 스페인어 '인디오'라고 불렀습니다.

하지만 콜럼버스가 도착한 땅은 인도가 아닌 아메리카 대륙의 카리브해 연안이었습니다. 오늘날 우리가 아시아의 인도인과 아메리카의 원주민을 둘 다 영어로 '인디언'이라고 부르는 이유가 여기에 있습니다. 콜럼버스의 착각 때문에 세상에는 멀리 떨어져 사는 두 종류의 인도인이 생겨난 것입니다. 이렇게 콜럼버스의 예기치 못한 도착과 함께 아메리카의 본격적인 지정학적 시대가 시작됩니다.

인류가 가장 늦게 도달한 대륙

한 지역의 발달은 여러 지리적 조건에 따라 유리하기도 하고 불리하기도 합니다. 가령 큰 하천은 농경 발달에 도움이 되어 일찍부터 문명이 발달하는 유리한 지리적 조건입니다. 반대로 하천은커녕 척박한 산지뿐인 지역이라면 문명이 발달하기 불리한 조건이지요. 그런데 아메리카 대륙의 지리적 조건은 주민과 국가에 특이한 방식으로 영향을 미쳤습니다. 한때 불리하다고 여겨졌던 지리적 조건이 갑자기 유리한 조건으로 변모한 것입니다. 이 시기는 콜럼버스를 비롯한 유럽인들의 아메리카 진출로부터 시작했습니다. 유럽인들의 진출은 어떻게 아메리카의 불리한 지리적 조건을 유리하게 변화시킬 수 있었던 것일까요?

베링 해협을 건너 아메리카로

아메리카 대륙은 아프리카에서 출발한 호모 사피엔스가 아시아를 거쳐 가장 마지막에 도착한 대륙입니다. 아메리카가 발견되기까지의 경로에 대해서는 여러 가지 가설이 있는데, 그중 가장 유력한 가설은 아시아와 아메리카가 거의 맞닿을 듯한 베링 해협을 통해 건너왔다는 주장입니다. 1만 3,000년 전 빙하기 끝 무렵에는 해수면이 지금보다 낮았고, 베링 해협은 육지와 다름없었습니다. 대륙과 대륙 사이의 다리와도 같았던 베링 해협을 통해 아시아의 인류는 아메리카에 무사히 도달할 수 있었습니다. 이렇게 지구상에서 가장 늦게 사람이 살기 시작한 아메리카 대륙은 문명의 출발부터 다른 대륙에 비해 늦을 수밖에 없었습니다. 마라톤으로 비유하자면 다른 주자들이 다 출발한 다음에야 뒤늦게 출발한 셈이지요.

베링 해협을 건넌 인류가 처음 만난 곳은 혹한의 땅 알래스카였습니다. 일부는 자연환경에 적응해 정착하기도 했지만, 다른 일부는 따뜻한 기후를 찾아 남하해 캐나다, 미국 서부 해안, 미국 중부 건조 초원 지대 등으로 흩어졌습니다. 여기서 중요한 점은 이곳 북아메리카 땅이 몹시도 광활하다는 점입니다. 또한 농경의 발달을 위해서는 철제 농기구가 필요한데, 북아메리카의 경우 농사를 짓기에는 너무 추운 오대호 연안에 철광석 산지가 밀집되어 있었

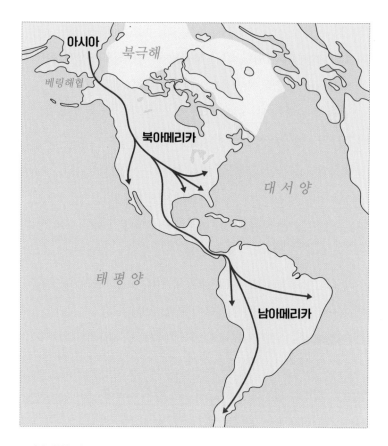

■ 베링 해협을 건너 알래스카에 도달한 아시아의 인류는 더 좋은 환경을 찾아 남쪽으로 내려갔다.

습니다. 이에 철제 기술은 발달할 수 없었고 농경의 발달 역시 지연될 수밖에 없었습니다.

이처럼 광활한 대륙이라서 서로 모여 살지 않는 특성과 농경 발달의 지연은 북아메리카의 초기 인류가 통일된 국가를 이루는데 걸림돌이 되었습니다. 그저 소규모 부족 단위의 마을을 이루거나 도시 국가 정도를 이루며 살아갈 뿐이었지요.

한편 북아메리카의 인류는 더 남쪽으로의 이동을 감행했습니다. 살 만한 환경을 찾았다면 정착할 법도 하지만, 더 나은 조건을 향한 욕망과 호기심이 인류를 더욱 남쪽으로 이끌었습니다. 이렇게 남하한 인류는 오늘날 미국과 멕시코의 국경을 흐르는 리오그란데강을 건너 새로운 자연환경과 마주하게 됩니다. 그동안 거쳐 온 환경보다 훨씬 더 척박한 사막과 밀림, 고원 등이 번갈아 나타나는 곳이었지요. 살 만한 땅은 좁고, 좁은 땅 안에 많은 사람이 모여 살다 보니 자연스럽게 거대한 집단을 이루게 되었습니다.

이렇게 모인 집단은 문명을 만들고 국가를 형성했습니다. 이는 리오그란데강 이북 지역 북아메리카에서는 나타나지 않은 현상이었지요. 척박한 환경이 오히려 사람을 좁은 지역에 모여 살게 만들어 국가를 이루게 한 것입니다.

너무 쉽게 무너진 남아메리카 문명

바로 이 시기에 유카탄반도 일대(오늘날의 멕시코와 과테말라 일대)에서 마야 문명이 번성했습니다. 독자적인 문자를 사용했고 석축 기술이 매우 정교했던 문명으로 알려져 있지요. 마야 문명 외에도 사람을 제물로 바치는 인신 공양으로 악명 높았던 멕시코의 아즈텍 제국이 있었으며, 안데스산맥의 고산 지대에 모여 살던 페루의 잉카 문명이 있었습니다.

넓은 땅에 사람들이 흩어져 살아 제대로 된 문명을 이루지 못했던 리오그란데강 북쪽 지역과는 달리 제법 거대한 국가를 이루었던 이들은 어째서 소수의 유럽 정복자들에 의해 그리 쉽게 멸망한 것일까요? 안타깝게도 이들에겐 세 가지 지리적 제약이 있었습니다.

첫째, 남아메리카 지역은 고립된 대륙이었습니다. 먼저 문명을 꽃피운 유라시아 대륙과는 한참 떨어져 있었으며, 빙하기가 끝난 이후 해수면이 상승하면서는 아예 단절되어 버렸습니다. 그러다 보니 유라시아 대륙에서 탄생한 우수한 기술을 접할 수가 없었지요. 대표적인 것이 바로 제철 기술입니다.

철광석에서 철을 뽑아내는 제철 기술은 누구나 쉽게 개발할 수 있는 것이 아닙니다. 유라시아에서는 고대 국가 히타이트가 제철 기술을 처음 개발했고, 점차 주변 국가들로 전파되었습니다. 하지만 태평양과 대서양으로 단절된 아메리카 대륙에는 제철 기술이 전해질 수 없었지요. 제철 기술이 있어야 철제 농기구를 만들고, 이를 바탕으로 농경이 더욱 번성해 생산량이 늘어납니다. 늘어난 생산량을 바탕으로 인구가 증가하고 문명 발달이 가속하는데, 제철 기술이 없다는 것은 이 모든 것이 불가능하다는 뜻입니다. 실제로 아즈텍이나 잉카, 마야 문명 등은 스페인에 의해 멸망당할 때까지도 석기 시대나 초기 청동기 시대 수준에 머물러 있었습니다.

또한 이들에게는 가축이 없었습니다. 소와 말, 돼지 등 인간이 길들여 키울 수 있는 동물을 가축이라고 하지요. 인류는 가축으로부터 여러 가지 혜택을 얻어 왔습니다. 우선 가축은 오랜 역사 동안 다양한 전염병을 인간에게 옮겼고, 그 결과 인간의 면역력을 높여 주었습니다. 우리 인간의 몸은 질병으로부터 회복하는 과정에서 그 병에 저항하는 항체를 형성합니다. 비록 초기에는 많은 인류가 죽기도 했겠지만 결국 인간은 그만큼 다양한 항체를 갖게 되어 면역력이 높아진 것입니다. 또한 가축은 양질의 단백질을 안정적으로 공급해 인간의 발육과 성장을 돕습니다. 그리고 인간을 대신할 노동력을 제공해 밭을 갈거나 수레를 끄는 등 농사와 운송을 효율적으로 도와줍니다. 유라시아에는 소, 양, 낙타, 돼지 등 가축으로 기를 수 있는 동물이 다양했지만, 아메리카에서는 안데스산맥에 살던 라마 정도만이 가축화되었습니다.

마지막으로, 남아메리카의 기후와 지형은 교류를 가로막는 장애물이었습니다. 아메리카 대륙은 남북으로 길게 뻗어 있어 기후대가 매우 다양합니다. 특히 남아메리카의 경우 지형적으로 산지와 밀림이 극단적으로 많이 분포해 있지요. 이러한 기후와 지형은 문명과 문명, 국가와 국가 간의 교류를 가로막았습니다. 교류가 차단되니 발전 또한 더딜 수밖에 없었던 것입니다.

결국 이런 세 가지 지리적 제약으로 인해 리오그란데강 이남의 아메리카 문명들은 지속적으로 발전하지 못하고 유럽의 정복자들 손에 의해 쉽게 멸망하고 말았습니다.

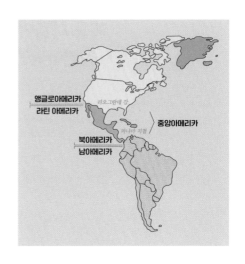

■ 아메리카 대륙은 지리적으로는 '북아메리카'와 '남아메리카'로, 문화적으로는 '앵글로아메리카'와 '라틴아메리카'로 구분된다.

	지리적 구분	문화적 구분
구분 명칭	북아메리카와 남아메리카	앵글로아메리카와 라틴 아메리카
구분 기준	파나마 지협	리오그란데강
구분 의미	남북 방향 중 가장 좁은 파나마 지협을 기준으로 구분(리오그란데강에서 파나마 지협 사이의 지역을 중앙아메리카로 별도 구분하기도 함)	서유럽의 앵글로색슨족이 이주해 정착한 곳은 앵글로아메리카, 남부 유럽의 라틴족이 이주해 정착한 곳은 라틴 아메리카로 구분

계층 차별이 불러일으킨 라틴아메리카의 독립

오랜 시간 외부와 단절된 채 발전이 더뎠던 아메리카는 유럽인들의 진출과 함께 유럽의 문화를 빠르게 흡수했습니다. 특히 남부 유럽의 라틴족이 활발하게 이주한 라틴아메리카에는 라틴족뿐만 아니라 유럽의 종교와 언어까지 뿌리 깊게 자리 잡았습니다.

오늘날 라틴아메리카의 수많은 나라가 과거 스페인의 식민지였습니다. 그렇다 보니 이들 대부분이 스페인어를 사용합니다. 다만 라틴아메리카에서 면적이 가장 넓은 브라질의 경우 예외적으로 포르투갈어를 사용하는데, 이는 브라질이 포르투갈의 식민지였기 때문입니다.

스페인과 포르투갈 모두 가톨릭 국가였고, 자연히 라틴아메리카 주민의 대부분이 가톨릭 신자입니다. 심지어 가톨릭의 발원지인 유럽보다도 라틴아메리카의 가톨릭 신자 수가 두 배 가까이 더 많으니, 맛집 분점이 원조집을 이긴 격입니다.

혼혈로 정의되는 라틴아메리카

유럽의 색깔이 그대로 전해진 언어, 종교와 달리 유럽의 색과 원주민의 색이 섞여 라틴아메리카만의 독자적인 색을 만든 경우가 있습니다. 바로 주민들의 피부색입니다. 아메리카 원주민인 인디오와 유럽에서 건너온 라틴계 백인, 그리고 아프리카에서 노예로 끌려온 흑인이 서로 만나 다채로운 피부색을 만들어 냈습니다.

백인과 인디오의 혼혈인 메스티소Mestizo가 대표적인 사례입니다. 메스티소의 어원은 '섞였다'는 뜻의 라틴어인 '믹스티키우스Mixticius'입니다. 그런데 너무 오랜 세월 동안 다양한 피부색이 섞이다 보니 메스티소라고 해서 다 같은 외모인 것도 아닙니다. 피부색도 외관상 특징도 제각각이지요.

라틴아메리카 특유의 '다채로운' 피부색을 메스티소라고 이해하면 될 것 같습니다. 이런 혼혈 피부색은 라틴아메리카를 오랜 전쟁 끝에 현재의 국가들로 나눈 지정학적 요인이 되었습니다.

초창기 라틴아메리카로 이주해 온 백인들은 원주민들과 섞여 살며 혼혈을 이루었고, 이는 곧 계층의 분화를 유발했습니다. 가장

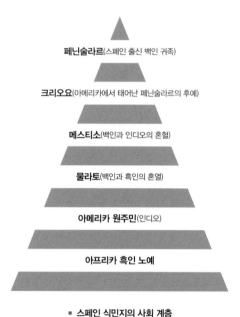

페닌술라르(스페인 출신 백인 귀족)

크리오요(아메리카에서 태어난 페닌술라르의 후예)

메스티소(백인과 인디오의 혼혈)

물라토(백인과 흑인의 혼혈)

아메리카 원주민(인디오)

아프리카 흑인 노예

■ 스페인 식민지의 사회 계층

최상위에는 스페인에서 태어나고 성장해 아메리카로 건너 온 백인인 페닌술라르Peninsular 계층이 있었습니다. 페닌술라르는 '반도인'이라는 뜻의 스페인어입니다. 이들이 나고 자란 스페인이 이베리아반도라 붙은 명칭이지요. 그리고 이들 아래에는 부모가 모두 스페인인이지만 본인은 아메리카 현지에서 태어나 자랐거나, 백인과 인디오의 혼혈이지만 여러 대를 거치면서 인디오의 피가 아주 조금만 남아 외관상 백인과 거의 다름없는 크리오요 계층이 있었습니다. 이들 아래에 백인과 인디오의 완전한 혼혈인 메스티소가 있었으며, 그 아래에 백인과 흑인의 혼혈인 물라토, 원주민인 인디오 등이 있었고요.

이런 피라미드식 계층에서 가장 큰 불만을 가진 계층은 비인간적인 지배에 신음하는 물라토나 인디오, 흑인 노예가 아니었습니다. 오히려 외관상 유럽인과 다름없음에도 단지 스페인에서 태어나지 않았다는 이유만으로 페닌술라르에 비해 차별당하는 크리오요 계층이었습니다.

혼혈 갈등이 독립 운동으로

외관상 스페인인과 구분되지 않는 크리오요가 증가하자 스페인인들은 자신들만의 순혈성을 지켜 권리를 보장하고자 했습니다. 그러다 보니 자연스럽게 스페인 본국 출신인 페닌술라르들은 라틴아메리카 출신 백인인 크리오요를 차별하게 된 것입니다.

크리오요 계층은 페닌술라르와 본국인 스페인에 불만이 많았고, 이는 곧 라틴아메리카의 독립 운동으로 이어졌습니다. 특이하게도 라틴아메리카의 독립 운동은 원주민인 인디오들이 자신들을 침략한 스페인인들을 몰아낸 운동이 아닙니다. 스페인의 차별 정책에 불만을 품은 크리오요가 스페인과 페닌술라르를 몰아낸 운동입니다. 비유하자면 우리나라가 일본의 식민지였을 때, 한반도에서 태어난 일본인들이 일본 정부에 불만을 느껴 자신들만의 일본을 한반도에 세우겠다며 독립 운동을 한 셈이지요. 이러한 라틴아메리카 독립 운동의 최선봉에 섰던 인물이 바로 시몬 볼리바르입니다.

시몬 볼리바르는 대표적인 크리오요 계층으로, 장교를 양성하는 사관 학교에서 공부한 군인이었습니다. 당시 프랑스 대혁명으로 자유에 대한 열망이 들끓던 유럽을 여행하며 시몬 볼리바르는 라틴아메리카의 자유와 독립에 대한 의지를 굳건히 세우게 되었습니다. 이후 라틴아메리카의 독립 전쟁을 이끌어 스페인 세력을 몰아내고, 오늘날의 라틴아메리카 국경선 기초를 만들었습니다. 에콰도르, 콜롬비아, 베네수엘라, 파나마를 포함하는 거대한 콜롬비아 공화국을 건국했으며, 볼리비아의 독립을 도왔고, 최종적으로는 페루를 함락시킴으로써 콜롬비아, 볼리비아, 페루의 대통령을 겸임했지요.

오늘날 라틴아메리카 곳곳에서 시몬 볼리바르의 동상과 그의 초상이 그려진 화폐를 찾아볼 수 있습니다. 볼리비아라는 국명과, 볼리비아의 볼리비아노, 베네수엘라의 볼리바르 같은 화폐 단위도 그의 이름에서 따온 것입니다. 이처럼 시몬 볼리바르는 라틴아메리카 주민들의 존경을 받으며 여러 나라의 국부로 추앙받고 있습니다.

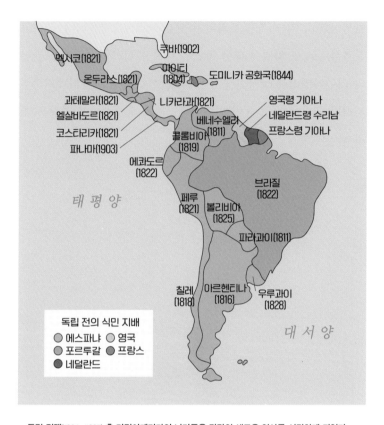

쿠바(1902)

멕시코(1821)

아이티(1804)

온두라스(1821)

도미니카 공화국(1844)

과테말라(1821)

니카라과(1821)

엘살바도르(1821)

영국령 기아나

코스타리카(1821)

베네수엘라(1811)

네덜란드령 수리남

파나마(1903)

콜롬비아(1819)

프랑스령 기아나

에콰도르(1822)

태평양

브라질(1822)

페루(1821)

볼리비아(1825)

파라과이(1811)

칠레(1818)

아르헨티나(1816)

우루과이(1828)

대서양

독립 전의 식민 지배
- 에스파냐
- 영국
- 포르투갈
- 프랑스
- 네덜란드

■ **독립 전쟁**(1804~1825) 후 **라틴아메리카의 나라들은 각각의 새로운 역사를 시작하게 되었다.**

정리하자면 아메리카의 지리적 제약이 라틴아메리카 지역의 문명 발달을 지체시켰고, 이는 유럽인이 라틴아메리카를 쉽게 침략하고 정복해 대규모로 이주할 수 있게 만든 요인이 되었습니다. 이후 유럽인의 대규모 이주는 라틴아메리카에 다양한 혼혈인을 탄생시켰고, 이는 계층 분화와 차별을 불러일으켰습니다. 그리고 결과적으로 이 차별에 대한 불만이 다시 유럽인을 몰아내 오늘날의 라틴아메리카 국경선을 만들게 했으니, 결국에는 아메리카의 지리적 제약이 돌고 돌아 라틴아메리카의 국경선까지 영향을 미친 셈입니다.

파나마 지협과 신흥 강국 미국

독립 운동을 통해 시몬 볼리바르가 라틴아메리카에 세운 거대한 국가 콜롬비아 공화국에는 파나마가 포함되어 있었습니다. 그리고 파나마에는 북아메리카와 남아메리카를 연결하는 좁은 파나마 지협이 있었지요. 지협은 두 육지를 연결하는 좁고 잘록한 땅을 말합니다. 남북으로 길게 뻗은 아메리카 대륙을 중심으로 동쪽에는 대서양이, 서쪽에는 태평양이 있고, 그 사이에 자리한 파나마 지협은 지정학적으로 매우 큰 가치가 있는 곳입니다.

대서양과 태평양의 경계를 나누는, 잘록한 허리에 해당하는 중앙아메리카 부근에는 원래 해상로가 없었습니다. 그렇기 때문에 대서양에서 태평양으로 항해하려면 북극이나 남극을 거쳐 돌아가야만 했습니다.

대서양과 태평양을 구분하는 가장 좁은 지협인 파나마 지협을 뚫어 운하를 만들 필요가 있었습니다. 그리고 여기에 가장 큰 관심을 보인 국가가 당시 새롭게 떠오르던 신흥 강국 미국이었습니다.

불리함이 유리함으로, 미국의 탄생

라틴아메리카 국가들과 미국의 지정학적 탄생 과정은 근본적으로 동일합니다. 미국 역시 북아메리카의 지리적 제약으로 인해 제대로 발전할 수 없었고, 이곳을 새롭게 개척한 주요 세력은 영국인들이었습니다. 영국인이 앵글로색슨족이라 미국과 캐나다를 앵글로아메리카라 부르는 것이지요. 미국에 진출했던 유럽 세력은 영국뿐만 아니라 프랑스와 스페인도 있었습니다만 결론적으로 최후의 승자는 영국에서 온 이주민과 그 후손들입니다.

그런데 이 영국의 후손들이 영국에 불만을 느끼고 독립 전쟁을 일으켜 세운 나라가 미국입니다. 시몬 볼리바르가 크리오요 세력을 이끌고 스페인 세력을 몰아내 라틴아메리카의 여러 나라를 세운 과정과 동일하지요. 차이가 있다면 라틴아메리카는 유럽인들이 진출한 이후로도 거대한 밀림과 높은 산맥이 계속해서 불리한 지리적 제약으로 작용한 반면, 미국은 미국이라는 국가가 탄생한 뒤로 북아메리카의 불리했던 지리적 조건이 모두 유리한 쪽으로 바뀌었다는 점입니다. 정확히 말하자면 유럽인들이 전파한 기술과 문명이 미국의 불리했던 지리적 조건을 모두 유리하게 바꾸었다는 것입니다.

광활하게 펼쳐진 넓은 국토는 미국이 자랑하는 부의 근간이 되었습니다. 미국 중앙의 대평원과 넓은 초원인 프레리는 엄청난 양의 식량을 생산하는 곡창 지대입니다. 넓은 땅에 석유와 천연가스 등 막대한 지하자원까지 보유한 자원 부국이기도 하고요. 동쪽과 서쪽에서 선진 문물이 유입되는 길을 가로막았던 대서양과 태평양은, 미국의 군사력이 부상함에 따라 거대한 군함을 만들어 해양 강국이 될 수 있는 지리적 조건으로 작용했습니다. 또한, 늪지대로 질척이던 미시시피강은 북아메리카를 가로지르는 지리적 위치 덕에 미국 내 화물 운송을 신속하게 해 주는 유통로가 되었으며, 그 하류의 루이지애나는 중앙아메리카와 남아메리카에 진출할 수 있는 항구 역할을 하게 되었지요.

미국은 본인들이 가진 지정학적 가치를 십분 활용해 20세기 초반 세계의 신흥 강국으로 부상했습니다.

미국과 파나마의 관계

19세기 후반에 들어 미국은 태평양으로도 진출합니다. 동남아시아의 필리핀에서 스페인을 몰아내며 필리핀을 식민지로 삼았지요. 영국의 식민지였던 미국이 이제 다른 나라를 식민지로 삼게 된 것입니다. 건국 초반, 프랑스로부터 루이지애나를, 스페인으로부터 캘리포니아를 돈으로 사들였던 과거에 비하면 미국의 힘이 정말 강해졌음을 알 수 있는 변화였습니다. 하지만 이내 미국에는 새로운 고민이 생겨났습니다.

태평양을 건너 아시아에 진출했으나 미국의 정치·군사·경제의 중심은 여전히 대서양 동부 지역이었습니다. 대서양 건너에 있는 유럽도 미국이 계속해서 관심을 두고 지켜봐야 할 지역이었지요. 하지만 당시에 운용할 수 있는 해군력에는 한계가 있었습니다. 한정된 해군력으로 대서양과 태평양 양쪽 모두를 살펴야 하는 상황에서 대서양에 있는 군함을 태평양으로, 다시 태평양에 있는 군함을 대서양으로 이동시키기 위해서는 북극이나 남극으로 둘러 가는 수밖에 없었습니다. 너무나 비효율적인 일이었지요. 그래서 미국은 아메리카 대륙 중앙, 좁은 허리와도 같은 파나마 지협에 관심을 가질 수밖에 없었던 것입니다.

미국은 파나마 지협을 뚫어 배가 대서양과 태평양을 쉽게 오갈 수 있는 운하를 건설하고자 했습니다. 이 공사를 위해 콜롬비아에 파나마 지협 사용권을 사겠다고 제안했지만 콜롬비아에서는 더 많은 대가를 요구하며 미국의 제안을 거절합니다.

이에 미국은 절묘한 지정학적 계책을 냅니다. 바로 파나마 지역에 살고 있던 토착 세력을 부추겨 콜롬비아로부터의 독립을 주장하게 만든 것입니다. 그 틈에 미국은 파나마의 독립을 돕는다는 명분으로 군대를 파병한 뒤, 1903년 파나마의 독립을 선포해 버립니다. 이렇게 독립한 파나마로부터 미국이 파나마 지협

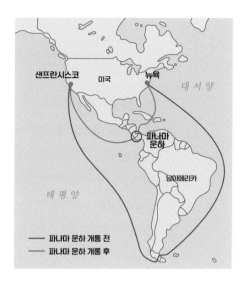

■ 태평양과 대서양을 잇는 파나마 운하는 수에즈 운하와 함께 세계의 양대 운하로서 매우 중요한 해양 수송 통로로 활용되고 있다.

사용권을 쉽게 얻어 낸 것은 당연한 결과이지요. 콜롬비아 입장에서는 억울할 만한 일입니다.

미국의 파나마 운하 공사는 성공적이었습니다. 태평양과 대서양을 잇는 파나마 운하는, 지중해와 인도양을 잇는 수에즈 운하와 함께 현재도 세계의 양대 운하로서 매우 중요한 해양 수송 통로로 활용되고 있습니다.

미국은 파나마 운하를 1999년까지 소유하다가 파나마에 넘겨 주었습니다. 그렇다고 해서 파나마 운하가 적의 손에 넘어가도록

배가 산을 건너는 파나마 운하

수에즈 운하와 파나마 운하는 인류가 지구상에 건설한 대표적인 양대 운하입니다. 그런데 파마나 운하를 건설하는 과정은 수에즈 운하 때보다 훨씬 고된 작업이었습니다. 수에즈 운하는 지형적으로 평지를 관통하므로 물길을 뚫는 것이 수월했던 반면 파나마 운하는 산지를 관통해야 했기 때문입니다. 게다가 파나마의 열대 기후에 모기가 득실거렸고, 이로 인해 창궐한 말라리아로 수많은 노동자가 희생된 것 역시 파나마 운하 건설의 큰 걸림돌이었습니다. 그렇다면 파나마 운하를 통과하는 배들은 어떤 방식으로 산지를 건널 수 있게 된 것일까요? 설마 거대한 산지를 그대로 헐어 버렸을까요? 아니면 산지를 관통하는 거대한 터널을 뚫었을까요?

아닙니다. 파나마 운하는 갑문식 독dock이라는 독특한 방식을 통해 배가 산을 건너도록 해 줍니다. 갑문식 독의 운영 방식은 다음과 같습니다.

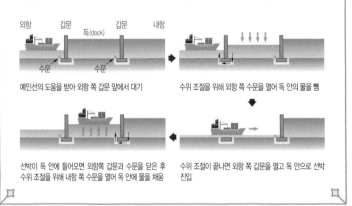

외항 갑문 독(dock) 갑문 내항 / 수문 수문
예인선의 도움을 받아 외항 쪽 갑문 앞에서 대기

수위 조절을 위해 외항 쪽 수문을 열어 독 안의 물을 뺌

선박이 독 안에 들어오면 외항쪽 갑문과 수문을 닫은 후 수위 조절을 위해 내항 쪽 수문을 열어 독 안에 물을 채움

수위 조절이 끝나면 외항 쪽 갑문을 열고 독 안으로 선박 진입

미국이 가만 놔둘 수만은 없는 노릇입니다. 파나마는 매우 작은 나라이지만 이러한 지정학적 상황을 잘 활용해 1994년, 자국의 군대를 아예 해산시켜 버렸습니다. 누군가 파나마를 침략한다면 파나마 운하를 지켜야만 하는 미국이 알아서 파나마를 구하러 올 것이기에 굳이 비용을 들여 군대를 유지할 필요가 없다는 합리적 판단을 내린 것입니다. 지정학적 실익을 따지는 일은 강대국에만 필요한 것이 아닙니다. 파나마 같은 작은 나라도 자국의 지정학적 실익을 따져 현명한 선택에 활용합니다.

세계의 패권 국가
미국과 그 위기

양차 세계 대전을 겪으며 미국은 명실상부한 세계 최강대국으로 자리 잡았습니다. 고향과도 같은 유럽의 위기를 노르망디 상륙 작전으로 구해 내고, 자국 영토인 하와이를 침공한 일본에 원자 폭탄을 투하해 항복을 받아 낸 미국은 당시 공산주의 진영의 최강국인 소련과 라이벌로서 세계를 이끌어 가는 입장이 되었습니다. 게다가 제2차 세계 대전의 승리를 앞둔 상황에서 미국은 세계 경제까지 장악합니다. 1944년 미국 브레턴우즈에서 열린 국제 통화 기금 회의를 통해 미국의 달러가 세계 금융 거래의 기준이 되는 기축 통화로 선정된 것입니다.

미국에게 남은 단 하나의 지정학적 고민은 라이벌 소련의 공산주의가 미국의 자본주의 진영을 침범하지 못하도록 막아 내는 것이었습니다. 강대국 간의 직접적인 전쟁은 막대한 손실과 인명 피해를 야기한다는 것을 경험했기에 두 나라의 대결은 은밀하고 조용하며 차가운 형태를 띠었습니다. 그래서 이 둘의 당시 경쟁을 냉전이라고 불렀습니다.

달까지 확장된 지정학 경쟁

냉전은 세계 각지에서 여러 형태로 발생했습니다. 가장 대표적인 것이 '스푸트니크 쇼크'입니다.

제2차 세계 대전의 종전을 이끌었던 히로시마·나가사키의 원자 폭탄 투하는 매우 재래적인 방법으로 이루어졌습니다. 비행기에 원자 폭탄을 싣고 히로시마 상공까지 날아가 폭탄을 투하하는 방법이었지요.

미국은 이런 방법 대신 로켓에 원자 폭탄을 장착해 적국으로 발사하는 방법을 원했습니다. 대륙과 대륙 간을 넘나드는 장거리 로켓이어야 했기에 우주 상공으로 날아갔다가 다시 지구로 돌아오는 방식이어야 했고, 이는 필연적으로 우주 항공 기술의 발전을 요구했습니다.

자신들이 소련보다 훨씬 앞선 기술을 보유하고 있을 것이라는 미국의 오만한 예상을 깨고, 1957년에 소련이 스푸트니크라는 인

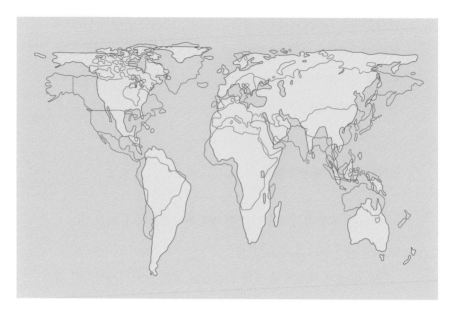

■ 노란 면으로 표시된 지도는 대륙의 실제 면적을 반영한 '페터스 도법'으로, 빨간 선으로 표시된 지도는 고위도로 갈수록 영토 면적이 확대되어 보이는 '메르카토르 도법'으로 제작됐다.

공위성을 우주에 먼저 쏘아 올립니다. 미국은 엄청난 충격을 받고 소련에 대한 공포심을 갖게 되었는데 이를 스푸트니크 쇼크라 부릅니다.

　이 당시 미국은 세계 지도를 제작할 때 네덜란드의 지도학자인 메르카토르가 개발한 메르카토르 도법을 자주 사용했습니다. 메르카토르 도법은 고위도에 위치한 소련의 영토가 크게 확장되어 보이는 왜곡 효과가 있었지요. 미국 정부는 실제보다 훨씬 거대하게 보이는 소련의 영토를 온통 붉은색으로 칠하고는 이를 통해 소련과 공산주의에 대한 미국 시민들의 공포심을 더욱 부추겼습니다.

설상가상으로 스푸트니크 쇼크 2년 후엔 미국 플로리다반도에서 겨우 150km 떨어진 곳에 위치한 섬나라 쿠바가 공산혁명을 통해 공산주의 국가가 되었습니다. 만약 쿠바에 미국 본토를 겨냥한 미사일 기지가 설치된다면 미국은 큰 위기를 맞게 되는 상황이었습니다. 그래서 미국은 쿠바의 공산정부를 붕괴시키려는 작전을 준비했으나 실패하고, 이에 쿠바는 같은 공산권 국가인 소련에 도움을 요청해 미국 전역을 타격할 수 있는 핵미사일 기지를 설치하려 했지요.

이렇듯 미국과 소련의 갈등이 극에 달하자 제3차 세계 대전이 일어날지 모른다는 위기감이 고조되기도 했습니다. 다행히 쿠바 미사일 기지 설치가 철회되면서 전쟁은 피했지만 미국과 소련의 냉전은 더욱 차가우면서도 치열해져 갔습니다.

소련과의 냉전에서 만루 홈런이 필요했던 미국은 지정학 경쟁의 범위를 우주 공간으로 확장하고자 했습니다. 1961년, 케네디 대통령은 1970년이 되기 전 달에 인간을 보내겠다는 아폴로 계획을 선언합니다. 1969년, 아폴로 11호가 달 착륙에 성공하면서 미국은 인류 최초로 인간을 달에 보내는 데 성공했지요.

이후 1972년, 아폴로 17호의 달 탐사를 마지막으로 지금까지

50여 년째 아무도 달에 발을 내딛지 못했습니다. 미국이 소련과의 경쟁에서 승리한 후로 달 탐사를 중단한 것을 보면 당시 아폴로 계획은 과학적 필요에 의한 산물이라기 보다는 체제 경쟁에서 우위를 점하기 위한 정치적 판단이었다고 볼 수 있습니다. 그런 점에서 아폴로 계획은 우주로까지 지리의 영역을 넓혀 정치적 판단을 내린 첫 사례인 셈입니다. 더불어 지금껏 미국을 제외한 어떤 나라도 달에 인간을 보내지 못한 것을 보면 미국의 과학 기술이 얼마나 뛰어난지를 짐작해 볼 수 있습니다.

미국은 세계에서 벌어지는 대부분의 주요 전쟁에도 개입해 왔습니다. 한국 전쟁(1950)을 비롯해 베트남 전쟁(1960), 아프가니스탄 전쟁(2001), 이라크 전쟁(2003) 등에 참전했으며, 1991년 소련의 붕괴로 냉전이 끝난 지금까지도 전 세계에 800여 개의 미군 주둔 기지를 보유하고 있습니다.

미국이 해외 군사 활동으로 사용하는 돈은 어마어마합니다. 미국의 한 해 국방비가 우리 돈으로 1,000조 원이 넘어 '천조국'이라는 별칭으로도 부르기도 하지요. 천문학적인 비용이 들어가도 세계만방에 패권 국가로서의 힘을 과시해야 하기에 미국의 해외 군사 행동은 필연적 선택입니다. 이는 미국 군수 산업 기술력이 만든 최첨단 무기들을 세계 시장에 판매하기 위한 홍보 전략이기도 합니다.

다시 미국을 압박하는 지정학적 요소들

세계 최강의 패권 국가 미국에 최근 위기 신호가 감지되고 있습니다. 바로 중국의 부상입니다. 소련이 붕괴한 후 한동안 미국은 독주를 즐겨 왔습니다. 하지만 이제 중국이 새로운 강자로서 미국의 패권에 도전하고 있습니다. 게다가 소련을 계승한 러시아 또한 다시 목소리를 키우는 상황입니다.

동쪽에 대서양, 서쪽에 태평양을 둔 미국은 유럽과 아시아 모두로 진출할 수 있는 대양 국가이기도 하지만 동시에 양쪽 모두를 단속해야 하는 지정학적 입장에 있습니다. 유리했던 지리적 조건이 다시 미국을 압박하는 조건이 되어 가는 것입니다.

이처럼 지정학적 요소들에 대한 평가는 늘 변화무쌍합니다. 대서양 너머 유럽에서는 러시아가 우크라이나를 침공해 위기를 만들고 있으며, 태평양 너머 아시아에서는 중국이 태평양 일대에서의 힘과 영역을 넓히기 위해 기회를 노리고 있습니다.

중국과 미묘한 관계에 있는 대만 역시 미국이 신경 써야 하는 지정학적 요소 중 하나이지요. 중국은 늘 대만을 위협하고 있고, 중국의 남진을 막기 위해서라도 미국은 대만을 지켜 줘야 하는 입장입니다. 이처럼 세계 패권 국가를 자임하는 미국은 할 일이 많고 늘 피곤합니다. 도전자 중국, 러시아와 챔피언 미국의 갈등 속에 세계의 거대한 지정학적 흐름이 다시 한번 꿈틀거리고 있습니다.

이제 우리의 지정학 여정은 아프리카로 향합니다. 아프리카 역시 초기 아메리카처럼 유럽인들에게는 수탈의 대상이었습니다. 약탈자들은 유럽과 아메리카의 노동력을 충원하기 위해 아프리카인들을 노예로 삼아 유럽과 아메리카로 강제 이주시켰습니다. 오늘날 아메리카 성장의 많은 부분을 아프리카인들과 그 후손들이 견인한 셈입니다. 아프리카에는 여전히 수탈과 분열로 인한 아픔이 있지만, 아직 제대로 발전해 보지 못했기에 미래에 대한 희망이 공존합니다. 그럼 지금까지와는 다른 새로운 시선으로 아프리카를 함께 살펴보겠습니다.

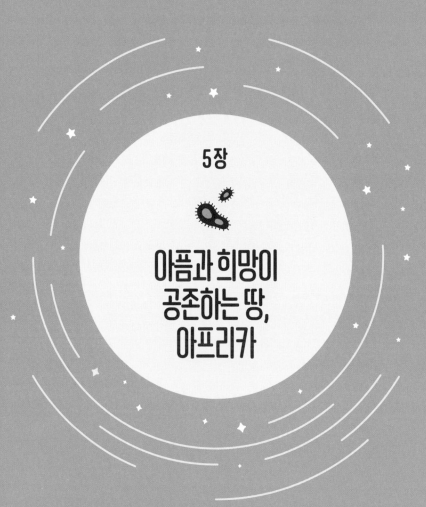

5장

아픔과 희망이
공존하는 땅,
아프리카

19세기, 유럽인들은 너도나도 아프리카를 향해 달려갔습니다. 15세기에 진출해 이미 수탈할 대로 수탈했던 아메리카 대륙이나, 미지와 경외의 대상이라 당시까지는 함부로 할 수 없었던 아시아 대륙과 달리 아프리카는 수탈할 사람과 자원이 넘쳐 나는 곳이었습니다.

아메리카 신대륙의 발견 이후 대서양을 중심으로 한 삼각 무역이 시작되고, 이 과정에서 무수히 많은 아프리카인이 노예로 거래되어 신대륙에 강제 이주당했다고 알려져 있습니다. 하지만 이때까지의 아프리카 수탈은 19세기부터의 수탈에 비할 바가 아니었습니다. 아프리카 내륙으로는 진출하지 못하고, 해안 지역에 있던 아프리카인들을 납치해 신대륙에 노예로 파는 정도에 그쳤으니까요.

유럽인들에게 아메리카는 신대륙이었지만 아프리카는 이미 그 존재를 알고 있던 구대륙이었습니다. 그런데도 19세기 이전까지 아프리카를 적극적으로 수탈하지 못했던 이유는 무엇일까요? 그 이유는 의외로 한 질병과 관련이 있습니다.

회복되지 않은 침략의 상처

현대 사회에서 인류를 가장 많이 죽게 하는 동물은 바로 모기입니다. 황열병, 뎅기열, 일본 뇌염 등 모기가 전파하는 각종 감염병으로 매년 70만 명 이상의 사람들이 죽는데, 그중에서도 가장 치명적인 전염병은 '말라리아'입니다. 아프리카를 진작부터 알고 있었음에도 유럽인들이 적극적으로 수탈하지 못한 것도 바로 말라리아 때문입니다.

아프리카 내륙에 넓게 분포하는 열대 우림에는 말라리아를 전파할 수 있는 모기가 득실거렸고, 이로 인해 유럽인들은 감히 아프리카 내륙으로 진출할 마음을 먹지 못했습니다. 그런데 19세기 초, 기나나무의 수액인 퀴닌(키니네)을 말라리아 치료제로 쓸 수 있다는 사실이 밝혀집니다. 이때부터 아프리카의 천연 지리 장벽은

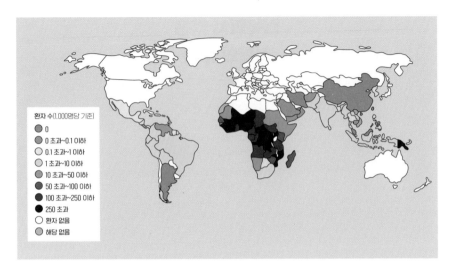

■ 아프리카 대륙의 거의 모든 국가가 말라리아 위험 지역이다.

무너지고 유럽인은 본격적으로 아프리카에 진출해 수탈을 벌였습니다. 아프리카의 눈물과 아픔이 시작된 것입니다.

잔혹한 학살자의 땅, 로디지아

세실 로즈라는 인물이 있었습니다. 1853년 영국에서 태어나 아프리카를 대상으로 활약했던 사업가이자 정치가였지요. 당시 영국 사회에서는 자선 사업가로 크게 존경받는 위인이었고, 그가 영국 옥스퍼드 대학교에 기부해 설립된 로즈 장학금은 현재까지도 다양한 분야의 인재들에게 수여되는 명망 있는 장학 제도입니다. 여기까지만 보면 세실 로즈는 꽤 괜찮은 인물 같습니다.

하지만 그의 이면에는 제국주의를 추종한 '잔혹한 학살자'라는 별칭이 존재합니다. 천연 말라리아 치료제인 퀴닌이 발견된 이후 유럽인들은 아프리카 해안 지역 너머 열대 우림 속 내륙 지역까지 마음껏 진출하기 시작했는데, 그 행렬에 세실 로즈가 함께했던 것입니다.

■ 이집트 카이로와 남아프리카 공화국 케이프타운을 잇는 전화선 건설 계획을 발표한 세실 로즈 풍자화

선천적으로 병약했던 세실 로즈는 요양을 위해 영국보다 기후와 환경이 좋은 남아프리카 공화국으로 이주했습니다. 당시 남아프리카 공화국 일대는 영국의 식민지였지요. 그리고 그곳에서 다이아몬드 채굴 사업을 시작해 큰돈을 벌었습니다. 오늘날 세계 최대의 다이아몬드 기업인 '드비어스'가 바로 세실 로즈가 설립한 회사입니다.

이후 로즈는 영국으로 돌아갔다가 옥스퍼드 대학교에서 공부하며 제국주의에 대한 강의를 듣게 되었습니다. 제국주의는 강대국이 무력으로 해외에 식민지를 건설하고, 그 식민지를 통해 더욱더 부강해질 수 있다는 논리의 사상입니다. 이러한 제국주의 사상에 크게 감명한 세실 로즈는 다시 남아프리카 공화국으로 가 정치와 사업에 뛰어들었습니다. 승승장구하던 그는 자신만의 국가를 건설하기 위해 아프리카 대륙의 내륙으로 진출했습니다. 그리고 1898년, 그곳에 '로즈의 땅'이라는 뜻의 이름을 붙인 나라 '로디지아'를 세웠습니다.

플랜테이션 농업을 통한 착취

로디지아는 남로디지아와 북로디지아로 구분되었는데, 이 중 남로디지아는 플랜테이션 농장을 중심으로 경제를 개발했습니다. 플랜테이션이란 먹기 위한 밀, 쌀, 보리 등의 식량 작물이 아닌 담배, 커피, 카카오 등의 상업 작물을 대량으로 생산해 판매하는 농업 시스템입니다. 당시 영국 같은 제국주의 국가들이 식민지에서 돈을 벌던 방식이지요.

담배, 커피, 카카오 등은 비싼 가격에 잘 팔렸고, 아프리카의 기후는 이런 플랜테이션 작물 재배에 알맞았습니다. 지리적으로 플랜테이션 작물 재배가 아프리카에 적합하지 않았다면 다른 결과를 낳았을지 모르지만, 너무나도 적합했다는 것이 비극의 시작이었습니다. 농업이 주력인 국가임에도 상품 작물인 플랜테이션 농업에만 집중하다 보니 정작 남로디지아 주민들이 먹기 위한 식량은 외부에서 수입하는 이상한 경제 체제를 구축하게 된 것입니다.

게다가 남로디지아의 비옥한 토지 95% 이상은 모두 영국 등에서 진출한 백인들이 소유했습니다. 로디지아를 세운 세실 로즈부터가 극단적인 백인 우월주의자였고요. 그렇다 보니 흑인 원주민들에 대한 처우가 잔혹할 정도로 나빴음은 말할 것도 없었지요. 농업이 기반인 국가에서 대부분의 비옥한 토지를 백인이 소유했다는 것은 사실상 해당 국가의 경제력과 정치력을 백인이 독점했다는 것과 같은 말입니다.

남로디지아에서 짐바브웨로

제2차 세계 대전 이후 1960년대에 이르러 아프리카의 여러 식민지가 유럽 열강으로부터 독립하기 시작했습니다. 남로디지아 역시 독립했는데, 이때 문제가 발생했습니다. 드넓은 플랜테이션 농장으로 돈을 벌던 영국계 백인들이 계속해서 남로디지아의 정치권력과 경제력을 장악한 채 살아가겠다고 선포한 것입니다. 흑인 원주민들 입장에서는 황당한 소식이었습니다. 이게 무슨 독립이냐는 반발이 터져 나왔고요.

결국 흑인 원주민들은 군대를 조직해 백인 정부군과 내전을 벌였습니다. 여기에 소련과 중국이 개입했습니다. 당시는 냉전 시대였고, 미국을 필두로 한 서방 국가들에 맞선 소련과 중국의 입장에서 아프리카 남로디지아는 사회주의 동맹국으로 끌어들이기 위해 지원할 가치가 있었던 것입니다. 당시 북한도 남로디지아를 도왔습니다. 북한 역시 남한과의 체제 경쟁에서 우월성을 보이기 위해 아프리카 등에 우방국을 만들고자 노력했던 것이지요.

마침내 남로디지아는 백인 정권을 몰아내는 데 성공했습니다. 그런데 오늘날 세계 지도에서 남로디지아라는 나라를 찾아볼 수 없습니다. 국명을 바꾸었기 때문입니다. 남로디지아의 새 이름은 바로 '짐바브웨'입니다.

당시 독립 전쟁을 이끌었던 지도자 중 한 사람인 로버트 무가베가 짐바브웨의 대통령으로 취임했는데, 집권 기간이 무려 37년이나 되었습니다. 당연히 정상적인 정치 활동이 아닌, 독재를 통한 무단 통치였습니다. 짐바브웨는 오랜 기간 백인 주도의 플랜테이션 농업에 익숙했고, 식량 같은 기본 물자를 수입에 의존하다 보니 경제 기반이 취약할 수밖에 없었습니다. 게다가 무가베의 오랜 독재는 짐바브웨를 최악의 경제난에 빠뜨렸습니다.

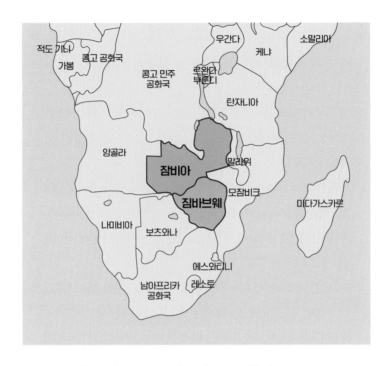

■ 남로디지아는 '짐바브웨'로, 북로디지아는 '잠비아'로 각각 독립을 이루었다.

　유럽계 백인들로부터 수탈당하던 아프리카 원주민들이 마침내 독립을 쟁취했지만 이들 가운데 정치권력을 독점한 독재자가 등장하고, 이 독재자에 의해 민중이 다시 수탈당하는 이야기는 짐바브웨만의 이야기가 아닙니다. 가봉, 카메룬, 우간다, 적도 기니, 콩고 민주 공화국, 중앙아프리카 공화국 등 수많은 곳에서 찾아볼 수 있습니다. 어쩌면 독재 권력은 오랜 기간 맞서 싸운 백인들을 닮아

피의 다이아몬드는 영원히, 드비어스

남아프리카 공화국의 드비어스 형제가 우연히 발견한 다이아몬드 광산을 세실 로즈가 사들여 설립한 다이아몬드 회사가 '드비어스'입니다. 형제의 이름을 회사명으로 쓰는 것이 광산 판매 조건이었지요.

드비어스는 한때 세계 다이아몬드 유통량의 90%를 장악할 정도로 거대한 기업이었습니다. '다이아몬드는 영원히'라는 전설적인 광고 문구로 다이아몬드는 영원한 사랑의 상징이 되었고, 많은 사람이 드비어스사의 다이아몬드를 예물 반지로 구입했습니다.

하지만 이 다이아몬드에는 '피의 다이아몬드'라는 잔혹한 별칭이 있습니다. 주산지인 아프리카에서는 다이아몬드를 차지하기 위한 무장 세력 간의 다툼이 자주 발생했는데, 드비어스사는 이 전쟁을 후원해 가며 많은 양의 다이아몬드를 구입했습니다. 결과적으로 드비어스사의 다이아몬드가 잘 팔릴수록 아프리카에서는 다이아몬드를 차지하기 위한 전쟁이 더욱 치열해진 셈입니다.

더 이상의 참상을 방지하고자 2000년에 다이아몬드 생산국들이 남아프리카 공화국의 도시 킴벌리에 모였습니다. 그리고 분쟁 지역의 다이아몬드는 거래를 금지하자는 취지의 회의를 진행했습니다. 이후 2002년에 국제 연합은 위와 같은 내용의 '킴벌리 프로세스'를 승인, 발효했습니다. 하지만 다이아몬드 원석의 원산지를 추적하는 것이 현실적으로 어렵다 보니 이 규칙에 대한 실효성에 의문이 제기되기도 합니다.

아프리카의 자원을 둘러싼 내분과 참상은 비단 다이아몬드에만 국한된 이야기가 아닙니다. 보크사이트, 콜탄, 석유 등 아프리카의 각종 천연자원을 둘러싼 다툼이 발생합니다. 지역 발전에 도움이 되어야 할 풍부한 자원이 역설적으로 지역의 발전을 저해하는 요소로 작용하는 것입니다. 이를 두고 지리학자들은 '자원의 저주'라고 부릅니다.

버린 것인지도 모르겠습니다. 이런 비극의 씨앗은 모두 아프리카를 침탈했던 유럽의 백인들이 뿌려 둔 것임을 부인할 수 없습니다. 백인들이 아프리카를 수탈하지 않았다면 일어나지 않았을 비극이니까요.

자로 잰 듯 곧은 아프리카의 국경선

지도에 그려진 아프리카 대륙 위의 국경선을 보면 다른 대륙의 국경선과 다른 특이한 점이 눈에 띕니다. 바로 자로 잰 듯 일직선으로 뻗은 국경선이 많다는 것입니다.

일반적으로 국경선은 지형을 따라 형성됩니다. 건너기 어려운 큰 강이나 산맥 등 지형지물을 경계로 인간의 생활권이 구분되고, 민족이 나뉘며, 나아가 국가의 경계가 형성되지요. 그래서 일반적인 국경선은 구불구불하게 그어질 수밖에 없습니다. 그런데 아프리카의 국경선은 자로 잰 듯 반듯한 경우가 많습니다. 즉 이런 국경선은 자연적이지 않은 경우라는 뜻입니다. 그리고 여기에는 슬픈 역사가 서려 있습니다.

1,000여 개의 부족, 55개의 국가

말라리아의 천연 장벽이 무너진 아프리카에는 세실 로즈 같은 수탈자들이 몰려들었습니다. 저마다 탐험가나 모험가 같은 별칭을 달고 등장했지만, 이들 모두는 유럽의 열강을 등에 업은 식민지 개척자들이었습니다.

아프리카 식민지화 과정에서 유럽 열강들이 서로 충돌하는 것은 당연했습니다. 이로 인한 피해를 우려해 유럽 각국은 아프리카를 평화롭게 나누어 가지기 위한 베를린 회담(1884~1885)을 개최했습니다. 아프리카 대륙이 통째로 식민지가 되어 유럽 각국의 편의대로 나뉘게 된 것입니다. 지형지물에 대한 고려 없이, 아프리카에 살고 있는 수많은 민족의 구분 없이, 그저 자신들의 편리함과 힘의 논리만을 따라 식민지 경계를 구분했습니다. 이때 그어진 식민지의 경계가 대부분 오늘날 아프리카의 국경선으로 남게 되었지요.

식민 통치가 남긴 직선의 국경선은 지금도 아프리카에 큰 상처를 남기고 있습니다. 바로 잦은 내전입니다. 풍부한 자원을 지녔음에도 아프리카의 경제 발전이 더딘 이유는 수시로 발생하는 내전 탓이 큽니다. 그렇다면 아프리카에는 왜 이렇게 내전이 잦은 걸까요? 아프리카 사람들이 무지하고 호전적이라서 그런 것일까요?

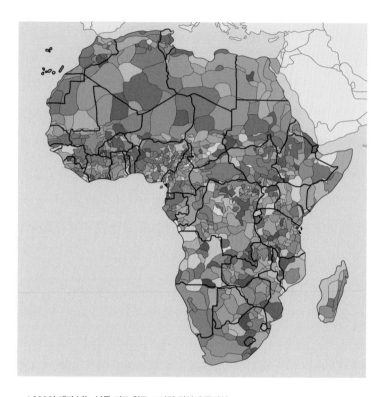

■ 1,000여 개가 넘는 부족 지도 위로 그어진 직선의 국경선

　본래 아프리카에는 1,000여 개의 다양한 부족이 각자 부족 국가를 이루며 살고 있었습니다만 오늘날에는 55개의 국가만이 아프리카 대륙 위에 존재하고요. 1,000여 개의 부족 중에는 서로 갈등 관계에 있어 한 국가를 이루며 살아가기 힘든 부족들도 있었습니다. 이러한 사정을 전혀 고려하지 않은 채 식민 통치의 편의만을

위해 그어진 직선의 국경선이 이들을 한 나라의 국민으로 묶어 버리니 그 안에서는 당연히 다툼이 잦을 수밖에 없습니다. 국가의 주도권을 차지하기 위한 크고 작은 다툼들이 내전으로까지 이어지고 있습니다.

계속되는 서구 열강의 개입

서구 열강들은 자신들이 뿌린 갈등의 씨앗으로 발생한 아프리카 내전을 최근까지도 자신들의 이익을 위해 이용해 왔습니다. 정말 지독하기 그지없습니다.

아프리카는 지리적으로 자원이 매우 풍부한 대륙입니다. 석유와 천연가스의 전 세계 매장량 10%가량을 보유하고 있으며, 아직 매장량이 확인되지 않은 지역이 전체 매장 예상지의 50%가 넘습니다. 코발트의 전 세계 매장량 57%, 다이아몬드 46%, 크롬 44%, 망간 39% 등 광물 자원의 보고가 바로 아프리카입니다. 그럼에도 천연자원은 아프리카 경제 개발에 큰 도움이 되지 못하고 있습니다.

보유 자원으로 경제를 성장시키려면 단순히 자원을 채굴해 판매하는 것이 아니라 채굴 및 가공으로 부가 가치를 증대시킨 후 판매해야 합니다. 하지만 아프리카는 공업 기반 시설이 부족해 자원을 가공할 기술이 없습니다. 그러다 보니 부가 가치를 창출하지 못한 채 자원을 날것 그대로 수출할 뿐이라 경제적으로 큰 이득을 보지 못하는 실정이지요. 가진 자원은 없지만 다른 나라로부터 자원을 수입하고 가공해 부가 가치를 높이는 기술이 뛰어나 큰돈을 버는 우리나라와 대비됩니다. 설상가상으로 오랜 독재와 부정부패가 이어져 왔습니다. 자원 수출을 통해 얻은 이익이 국가의 경제 발전이나 국민에게 돌아가지 못하고 독재자들의 부정 축재에 횡령되는 경우가 많습니다.

이런 상황에서 서구 열강들은 자원을 헐값에 확보하기 위해 부족 간의 내전을 부추깁니다. 아프리카의 한 국가에서 내전이 발생하면 서구 열강은 내전의 양쪽 세력에게 무기를 공급합니다. 더 좋은 무기를 확보하기 위해 혈안이 된 양쪽 세력은 무기의 대가로 서구 열강에 자원을 제공하고요.

내전 중인 아프리카 국가들은 무기를 대신해 자원을 팔았지만 얻은 것은 아무것도 없이 전쟁의 비극 속에 신음하고 있습니다. 이 또한 아프리카의 지정학적 상황을 활용해 이익을 챙긴 서구 열강의 현명한 지정학적 판단 사례로 보아야 할까요?

인종은 없다, 인종주의만 있을 뿐

"모든 인류의 기원지는 아프리카다."라는 주장이 있습니다. 이는 단순 주장이 아닌 지리학자와 인류학자, 진화생물학자 들이 오랜 연구 끝에 내린 학문적 결론입니다. 아프리카가 오랜 세월 백인들에게 수탈당하고, 흑인이 미개한 존재로 폄하됐지만 사실 알고 보면 오늘날 전 세계에 흩어져 살고 있는 모든 인류는 애초에 아프리카의 흑인들과 유사한 생김새를 가졌었다는 뜻입니다.

이동과 진화의 산물

흑인으로부터 출발한 인류의 생김새는 어떻게 해서 지역에 따라 달라지게 된 것일까요? 그런 바로 인류의 이동과 진화 때문입니다.

　일사량이 많은 아프리카 적도 부근에서 계속 살아온 흑인들은 태양의 유해 자외선으로부터 피부를 지키기 위해 많은 양의 멜라닌 색소를 필요로 했습니다. 피부 밑에 분포해 있는 멜라닌 색소는 자외선으로부터 신체를 보호하는 역할을 합니다. 멜라닌 색소가 많을수록 피부색은 어두워지고요. 멜라닌 색소가 적은 인류는 적도에서 살아남아 자손을 낳기 어려웠습니다. 결국 적도 부근에는 멜라닌 색소가 풍부해 피부가 어두운 피부색의 인류만 살아남을 수 있었던 것입니다.

　인류가 전 세계로 퍼져 나감에 따라 적도에서 고위도 지역으로 이동한 인류는 그곳 환경에 맞게 적응하고 진화했습니다. 적도 보다 일사량이 적었던 중위도와 고위도 지역에서 태양 에너지로부터 충분한 양의 비타민D를 합성하려면 멜라닌 색소가 적어야 했지요. 비타민D는 자외선에 피부가 노출되었을 때 체내에서 합성되는 영양소로, 인간 생존에 필수적인 요소입니다. 멜라닌 색소가 많아 태양 에너지를 받아들이기 힘들었던 인류는 비타민D 부족으로 여러 질병에 시달리며 자손을 낳기 어려웠습니다. 반대로 멜라닌 색소가 적어 충분한 양의 태양 에너지를 받아들이고 비타민D를 합성할 수 있었던 인류는 살아남아 번성할 수 있었습니다. 따라서 중위도와 고위도 지역의 인류는 멜라닌 색소가 적은 사람들만 살아남

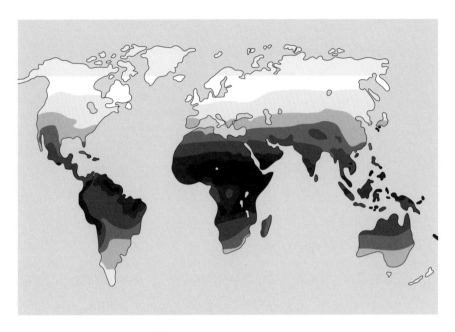

■ 적도에 가까운 지역일수록 피부색이 어두워진다.

아 번성했기에 피부색이 밝고 하얀 것입니다.

　이처럼 인류는 하나의 조상으로부터 출발했지만 환경에 적응
하고 진화하는 과정에서 누군가는 피부색이 계속 어둡게 유지되
고, 누군가는 피부색이 밝아지게 되었습니다. 이에 우리가 내릴 수
있는 결론은 '인류는 하나이며 인종은 허구다.'라는 점입니다. 인
간의 유전자 지도를 만드는 인간 게놈 프로젝트를 통해 피부색에
상관없이 모든 인간의 유전자는 99.9% 동일하다는 사실이 밝혀

지기도 했고요.

알고 보면 인종은 없습니다. 단지 인종을 구분하는 인종주의자만 있었던 것이지요.

인종 차별의 역사

피부색의 분화는 환경의 차이로 발생한 결과일 뿐 우리는 모두 동일한 인류입니다. 하지만 인류는 지난 수백 년간 인종 차별을 이어 왔습니다. 그 이유는 무엇일까요?

17세기까지만 하더라도 피부색에 따른 인종 차별은 의외로 적은 편이었습니다. 아프리카에서 신대륙으로 끌려간 흑인들도 처음에는 완전한 노예 신분이 아니었습니다. 신대륙의 농장주들과 계약 기간을 두고 일을 했지요. 그러다 계약 기간이 끝나면 자유민으로 신분이 전환되는 일종의 기간제 노동자 같은 존재였습니다.

농장에는 흑인뿐만 아니라 유럽 출신의 백인 노동자도 있었습니다. 이들의 처우도 아프리카 출신의 흑인 노동자와 별 차이가 없었습니다. 흑인 노동자들보다 소수일 뿐 다 함께 먹고 자며 일했습니다. 그러다 아프리카에서 점차 많은 수의 흑인 노동자들이 신대륙으로 오게 되었습니다.

흑인의 수가 많아지자 신대륙의 농장주들은 두려움을 느꼈고,

이들을 통제하기 위해 유럽 출신의 백인 노동자들을 관리자로 삼아 흑인 노동자들을 통제하기 시작했습니다. 이 과정에서 관리의 수월성을 위해 '백인'과 '흑인'이라는 인종 집단을 창작한 것입니다. 이때부터 인류는 백인과 흑인을 구분하게 되었습니다.

하루아침에 같은 노동자 신분에서 관리자가 된 백인 노동자들은 자신들에 비해 열등한 인종이라는 흑인 노동자들을 가혹하게 대했습니다. 그렇게 인종주의가 굳어졌습니다.

인종 구분은 단순히 백인과 흑인의 구분으로만 그치지 않았습니다. 아프리카 내에서 같은 흑인 간에도 인종을 구분하고 악용한 사례가 있습니다. 그리고 이 사례는 엄청난 비극의 원인이 됩니다.

르완다의 비극

19세기 유럽 열강 중에는 영국이나 프랑스처럼 아프리카 식민지 확장에 일찍 뛰어든 나라가 있는가 하면 벨기에처럼 후발 주자로 식민지 개척에 나선 나라도 있었습니다.

벨기에는 제1차 세계 대전 이후 패전국인 독일을 대신해 아프리카 중부의 르완다를 식민 지배했는데, 이곳에서 플랜테이션 농업으로 고무를 대량 생산했습니다. 당시 산업화 바람과 함께 고무의 소비량이 급증했기에 고무 농장은 제법 돈이 되는 산업이었습니다.

경쟁국에 비해 시작이 늦어서인지 벨기에는 르완다 식민 지배 과정에서 가혹하기 그지없는 통치 방식을 사용합니다. 바로 인종 차별입니다.

르완다에는 소수의 투치족과 다수의 후투족이 함께 살아가고 있었습니다. 벨기에는 코가 오뚝하고 키가 큰 투치족의 외모가 유럽인과 유사하다는 이유로, 소수의 투치족을 관리자로 삼아 다수의 후투족을 통제하도록 했습니다. 이뿐만 아니라 후투족 출신 족장들을 강제로 폐위하고 그 자리에 투치족을 족장으로 내세우기도 했으며, 후투족의 토지를 몰수해 투치족에게 분배하기도 했습니다. 자연스레 투치족과 후투족의 관계는 악화되어 갔습니다. 그리고 진짜 문제는 훗날 벨기에가 식민 지배를 끝내고 철수한 이후에 발생합니다.

벨기에에 의해 생겨난 인종 차별 및 투치족 – 후투족의 갈등은 1994년 내전과 학살이라는 끔찍한 결과를 초래했습니다. 당시 급진적인 후투족에 의해 투치족과 온건한 후투족이 3개월간 100만 명이나 학살당하는 '르완다 대학살'이 발생하고, 이 내전은 이웃 나라 콩고 민주 공화국으로까지 확산되었습니다. 1998년부터 2004년에 걸친 전쟁으로 무려 500만 명이 사망하게 되는데, 이는 양차 세계 대전 이후로 인류가 겪은 가장 큰 규모의 전쟁 피해였습니다.

하지만 아프리카의 비극은 우리에게까지 잘 알려지지 않았습

■ 르완다 내전으로 발생한 난민 수는 300만 명에 이른다.

니다. 아직은 우리 사회의 정치·경제·문화적 측면에서 아프리카의
지정학적 가치가 그리 크지 않기 때문일 것입니다. 가치가 적은 곳
에는 관심을 두지 않는 지정학의 시선은 이처럼 때로 냉혹합니다.

포스트 유럽,
중국의 아프리카 진출

아직까지는 아프리카에 큰 관심을 두지 않는 우리나라와 달리 일찍부터 아프리카에 적극적으로 진출한 아시아 국가가 있습니다. 바로 중국입니다. 아프리카를 향한 중국의 관심은 과거에는 사회주의 우방을 만들기 위한 체제적 전략으로 진행되었고, 현재는 일대일로 정책을 통한 해상 실크 로드 개척의 일환으로 더욱 커지고 있습니다.

중국은 아프리카 여러 국가에 자금을 지원하고, 아프리카 국가들은 그 돈으로 공항과 항만 등 각종 사회 기반 시설을 건설합니다. 여기까지만 보면 중국이 아프리카 저개발 국가들을 돕기 위해 일종의 국가적 지원을 하는 것으로 보이지요. 국제 사회 일원으로 칭찬받아야 할 행동을 한 것 같지만 실상 중국은 엄청난 비난을 받고 있습니다. 국제 정치학에서는 중국의 행보를 두고 포스트 유럽 또는 포스트 제국주의라는 비난까지 나오고 있고요. 중국은 무엇 때문에 아프리카를 도와주고도 비난 받는 것일까요?

'내 편'이 필요한 중국

중국은 한때 세계를 호령했던 국가입니다. 이름마저 '세상의 중심'이라는 뜻을 담고 있지요. 그런데 이런 중국이 1840년과 1856년, 두 차례의 아편 전쟁에서 영국을 비롯한 서구 열강에 패배하며 자존심을 구깁니다. 이후에는 세계 대전이 발발하면서 미국이 세계 최강대국으로 부상했습니다. 한때 강대국이었으나 이제는 과거의 영광을 추억해야 하는 입장이 된 중국은 다시 한번 강대국으로 부활하기를 강렬히 바라고 있습니다. 그래서 시작된 중국의 대외 전략이 일대일로 정책입니다.

일대일로의 핵심은 중국 편을 만들자는 것입니다. 인간관계에서도 혼자는 고독한 법인데 국제 관계에서 혼자는 아무것도 할 수 없습니다. 중국이 원하는 지정학 구도를 만들어 다시 한번 세계의 패권 국가가 되기 위해서는 중국을 지지하는 우방국이 많아져야 합니다. 다만 영원한 친구도 영원한 우방도 없는 법입니다. 이를 잘 알고 있는 중국이 아프리카에 취하는 일대일로 정책은 좀 독특

합니다.

아프리카 국가들은 대부분 재정적으로 가난합니다. 가난하다 보니 늘 경제적 지원에 목말라하고요. 하지만 경제 인프라도 부족하고 정치적 상황도 불안정한 아프리카 국가들에 선뜻 투자하거나 돈을 빌려주려는 나라는 많지 않았습니다.

이때 중국이 등장합니다. 중국은 아프리카 국가의 재정 상황이나 대외 신용도를 묻지도 따지지도 않고 돈을 빌려줍니다. 아프리카 국가들 입장에서는 정말 고마울 따름입니다. 이들은 중국의 열렬한 지지자가 됩니다.

중국은 돈을 지원해 주고 그토록 원하는 우방국을 얻었으니 서로 윈윈인 셈일까요? 만약 아프리카 국가가 지원받은 돈을 잘못 운용해 날리기라도 한다면 중국은 큰돈을 잃게 되는 셈인데, 중국은 무엇을 믿고 통 큰 지원을 아끼지 않았던 것일까요?

중국의 이유 있는 무차별 지원

무차별 지원의 진짜 속셈은 아프리카의 천연자원에 있습니다. 중국은 아프리카 국가들을 지원하면서 중국에만 일방적으로 유리하게 작용하는 계약 조항을 교묘히 숨겨 두었습니다. 돈을 제때 갚지 못할 경우 중국이 해당 국가의 천연자원을 가져갈 수 있다는 내

(10억 달러)

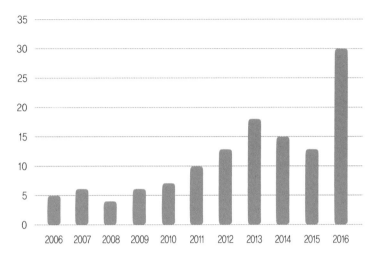

■ 중국이 아프리카에 대출해 주는 금액은 점점 늘어나고 있다.

용이었지요. 정확히는 천연자원뿐만 아니라 그 나라의 국영 기업이나 공항, 항만 등의 사회 인프라까지 모두 대출의 담보로 포함합니다. 그러다 보니 아프리카 국가들은 중국이 빌려준 돈으로 공항을 만들고, 그 공항이 제대로 운용되지 않아 돈을 못 갚게 되면 중국에 공항을 빼앗기게 되는 상황이 생기는 것입니다.

더 놀라운 점은 공항을 짓기 위해 진출한 건설사들이 대부분 중국계 기업이라는 점입니다. 즉, 중국은 아프리카 국가에 돈을 줘 사회 인프라를 만들게 하고, 중국계 기업을 통해 그 건설비를 전부

거두어 갑니다. 이후 아프리카 국가가 돈을 못 갚으면 공항은 중국의 차지가 되니, 돈 한푼 안 들이고 남의 나라 공항을 차지하게 되는 셈입니다.

아프리카 내륙국 잠비아는 중국에 대한 의존도가 갈수록 심각해졌습니다. 결국 돈을 갚지 못하는 상황에 처해 전력 회사와 방송국, 각종 천원자원 등이 중국에 넘어가게 되었지요. 결과적으로 중국에 좋지 않은 감정을 가지면서도 계속해서 중국의 눈치를 봐야 하는 입장이라, 국제 사회에서는 중국 편을 들 수밖에 없는 처지가 되고 만 것입니다.

중국의 아프리카 대출액은 2020년 기준, 우리 돈으로 약 110조 원이 넘습니다. 이는 아프리카 대륙 전체 대출 금액의 12%나 차지하는 액수입니다. 그만큼 중국이 아프리카 국가들을 좌지우지하고 있다는 뜻이기도 하지요. 이 때문에 국제 사회는 중국의 이런 고리대금업자 같은 행보를 포스트 유럽이나 포스트 제국주의에 빗대어 비난하는 것입니다.

아프리카에 희망은 있는가?

서구 열강들에 이어 중국이 마수를 뻗친 아프리카에 과연 희망은 존재할까요? 이 책에서 우리는 '지정학적' 관점으로 세계를 바라보고 있습니다. 따라서 '아프리카인들은 절망 속에서도 특유의 춤과 음악으로 내일의 희망을 노래합니다.' 같은 낭만적인 전망은 지양하겠습니다. 물론 아프리카인들의 흥이 담긴 춤과 음악은 바다 건너 브라질의 삼바나 자메이카의 레게, 미국의 힙합과 재즈 등에 영향을 주었습니다. 또 화려한 원색의 아프리카 전통 문양은 현대 미술의 새로운 흐름으로 인정받는 등 세계 여러 문화에 아프리카 문화가 스며 있습니다.

하지만 이런 문화적 영향을 제쳐두고 지정학적 관점에서 냉정히 전망해 보더라도 아프리카에는 분명 밝은 미래에 대한 희망이 존재합니다. 역설적으로 그 밝은 미래는 오늘의 아프리카가 가난하기에 가능합니다. 이를 전망하기 위해서는 다시 중국 이야기를 해야만 합니다.

'세계의 공장'이었던 중국

사회주의 경제 체제를 표방하던 중국이 1978년, 개방 정책으로 선회했습니다. 당시 중국의 지도자였던 덩샤오핑은 자본주의적 요소라도 중국의 생산력을 증대시키고 인민의 생활을 향상할 수 있다면 얼마든지 받아들일 수 있다고 판단했습니다. 이는 "검은 고양이(공산주의)든 흰 고양이(자본주의)든 쥐만 잘 잡으면 된다(중국이 잘살게 해 주면 된다)."라는 '흑묘백묘론'으로 널리 알려져 있습니다.

중국이 개방 정책을 선택한 후 세계의 여러 기업은 중국에 제조 공장을 설립했습니다. 풍부한 인구에 비해 경제 수준이 너무나도 낮았던 중국은 세계에서 가장 저렴한 인건비를 보장했고, 다국적 기업들은 제조 과정에 들어가는 인건비를 줄이기 위해 너도나도 중국에 진출했습니다.

중국은 '세계의 공장'으로 기능했고, 이에 인류는 전보다 나은 물질적 풍요로움을 누릴 수 있었습니다. 중국에서 제조되는 여러

공산품의 가격이 매우 저렴했기 때문입니다. 그 사이 중국의 경제
는 꾸준히 성장했습니다. 개방 정책을 선택한 1978년부터 40여
년간 중국의 실질 경제 성장률은 연평균 9.7%였습니다. 이는 세
계은행의 데이터베이스에 있는 207개 국가 중 부동의 1위입니다.

이동하는 세계의 공장

이제 중국은 부유해졌고, 인건비는 더 이상 저렴하다고 보기 힘
듭니다. 중국의 1인당 국내 총생산은 1만 달러가 넘습니다. 중국에
있던 많은 공장이 중국보다 인건비가 저렴한 나라를 찾아 떠나고
있습니다. 우리나라의 전자 기업들도 중국을 떠나 인도네시아와
베트남 등에 자리를 잡았고요. 이는 당연한 수순입니다. 미국의 다
국적 기업 나이키 역시 인건비가 저렴한 곳을 찾아 계속해서 공장
을 이전해 왔습니다. 미국에 있던 공장이 일본을 거쳐 한국에 왔다
가 중국을 지나 지금은 베트남에 있습니다. 지금이야 나이키 운동
화의 주요 생산국이 베트남이지만, 1980년대 초반만 하더라도 전
세계 나이키 운동화의 60%를 우리나라에서 생산했습니다.

머지않아 동남아시아의 개발 도상국들도 부유해지고, 그들의
인건비가 더 이상 저렴하지 않은 시대가 오면 그다음 공장의 이전
대상 지역은 아프리카의 나라들이 될 것입니다. 실제로 몇몇 다국

적 의류 업체는 이미 아프리카의 에티오피아에 제조 공장을 설립했습니다.

아프리카 대륙의 인구는 14억 명이 넘고, 면적은 3,000만km^2가 넘습니다. 인구와 면적 모두 아시아에 이어 세계 2위의 대륙입니다. 성장의 기본 조건인 노동력과 토지는 충분합니다. 하지만 완연한 성장을 위해 아프리카가 선결해야 할 조건이 있습니다. 바로 정치적 안정입니다. 누구도 내전이 한창인 곳에 공장을 건설하고 싶지는 않을 테니까요. 정치적 안정이 확보되고, 풍부한 노동력이 다국적 기업에 매력적인 조건으로 여겨지는 때가 온다면 아프리카는 경제 성장을 통한 희망찬 미래를 맞이할 수 있을 것입니다.

이제 우리의 지정학 여정은 아시아, 특히 조금 전까지 이야기해 온 중국을 중심으로 한 동아시아와 동남아시아로 향합니다. 중국은 꾸준히 세계 최강국의 자리를 노리며 성장해 왔고, 이에 따라 현재 왕좌를 차지하고 있는 미국과 지속적으로 갈등해 왔습니다. 미중 무역 갈등이나 대만을 둘러싼 위기 등 다음 장에서 다룰 동아시아의 지정학적 갈등은 다양합니다. 더욱이 동아시아는 우리나라가 포함된 지역이므로 더 긴밀하게 느껴질 이야기가 많을 것입니다. 그럼, 동아시아와 동남아시아를 향해 출발하겠습니다.

6장

신냉전의 최전방,
동아시아·
동남아시아

19세기가 신대륙 개척의 선두 주자 유럽의 시대였고, 20세기가 냉전 체제의 패권 국가 미국의 시대였다면, 21세기는 아시아의 시대가 될 것이라고 말하는 이들이 많습니다. 우리나라·일본·중국이 위치한 동아시아와 싱가포르·인도네시아·베트남 등 동남아시아 국가들이 오늘날의 세계 경제를 견인하고 있기 때문입니다. 인구 100만 명이 넘는 대도시를 전 세계에서 가장 많이 보유한 동아시아·동남아시아는 풍부한 인구와 자원을 바탕으로 세계의 생산 공장 및 소비 시장 역할을 하며 경제 성장을 이어 가고 있습니다.

20세기, 냉전 시대의 이 지역은 해양 진출을 꿈꾸는 사회주의 진영과 이들 세력의 확장을 막고자 하는 자본주의 진영이 맞서는 격전지였습니다. 그리고 21세기 들어서는 육·해상 신 실크 로드 경제권을 형성하려는 중국의 전략과, 이런 중국의 팽창을 막으려 태평양 연안 국가들과의 협력을 도모하는 미국 간 신냉전 체제의 격전지가 되고 있습니다.

동아시아·동남아시아 각지에는 미국, 러시아, 중국 등 강대국들의 군사 기지가 설치되어 서로 대치하고 있으며, 핵을 보유한 북한까지 주변 안보를 위협하고 있습니다. 모두가 지정학적 입지에 따른 자국의 손익을 계산하며 신냉전 시대에 치열하게 대처하고 있습니다.

사회주의와 자본주의, 양 진영 간의 대리전쟁

우리나라와 베트남의 근현대사는 닮은 점이 많습니다. 외세의 침략 및 식민 지배를 겪은 후 남북이 나뉘어 전쟁을 한 공통점이 있지요.

냉전 시대의 미국과 소련은 핵무기를 보유한 군사 대국으로, 두 나라 간의 직접적인 전쟁이 일어난다면 세계 대전의 형태로 번질 위험이 컸습니다. 그래서 지원 국가를 내세워 대신 전쟁을 치르게 하는 경우가 많았습니다. 재래식 무기로 전쟁을 벌이던 양차 세계 대전과 달리 이제 핵무기가 존재하는 상황에서의 세계 대전은 인류의 공멸을 불러올 수도 있는 문제였지요. 1948년 이후 여러 차례 치러진 중동 전쟁도 독립 및 건국을 선언한 이스라엘과 이에 반발한 아랍 진영 간의 전쟁이지만, 그 배후에는 미국과 소련이 각각 이스라엘과 아랍 국가를 지원하면서 치러진 대리전쟁의 사례라고 볼 수 있습니다.

소련의 지정학적 위치

'냉전'이란 제2차 세계 대전 이후 사회주의 진영과 자본주의 진영이 대립한 양극 체제를 말합니다. 미국과 함께 연합국에 참여했던 소련이 미국과 대립하게 된 배경을 이해하기 위해서는 소련의 지정학적 위치를 이해해야 합니다.

소련은 '소비에트 사회주의 공화국 연방'의 줄임말입니다. 이름처럼 러시아 공화국을 비롯한 15개의 공화국과 이 공화국 안에 속한 수많은 자치 공화국 등이 연합해 소련이라는 하나의 국가를 구성했습니다. 소비에트Soviet는 러시아어로 '회의' 또는 '평의회'를 의미합니다. 여기서는 노동자, 농민, 군인 등의 단체로 구성된 대표들이 모여 결정을 내리는 조직을 가리키지요.

소련은 1917년에 일어난 10월 혁명으로 세워졌습니다. 이 혁명은 제1차 세계 대전의 여파와 식량 부족에 시달리던 러시아 국민들의 불만으로 시작되었지요. 블라디미르 레닌을 비롯한 러시아 볼셰비키당이 소비에트로부터 힘을 얻어 러시아 제국을 무너뜨리고 소련을 설립한 것입니다.

약 2,240만km²의 국토 면적으로, 이는 유럽 전체 면적보다도 약 2.3배 넓고, 아시아 전체 면적의 절반가량 되는 면적입니다. 이 거대한 연방을 중앙 집권 체제로 유지하려면 효율적인 수송망이 필요했습니다. 그러나 고위도 내륙에 위치한 시베리아는 1년 중 대부분의 기간 동안 땅이 얼어 있어 도로 건설이 힘들고 사람이 살기도 힘든 지역입니다. 영토는 광활하지만 인구가 적고 수송망이 취약해 경제를 활성화하는 데 어려움이 컸습니다. 또한 대부분의 지역이 추운 냉·한대 기후로 작물 재배에 불리한 조건이었으며, 재배된 식량 자원을 소비지까지 수송하며 발생하는 높은 운송비로 인해 식량 가격은 천정부지로 비싸질 수밖에 없었습니다. 소비지인 도시에서 식량 가격을 시장 가격 이하로 강제하다 보니 소련의 경제는 중앙 집권적 계획 경제, 즉 공산주의 이념을 취할 수밖에 없었을 것입니다.

무엇보다도 소련의 지정학적 단점은 바다로 진출할 수 있는 해면이 얼지 않는 항구, 부동항이 없는 사실상 고립된 내륙 국가라는 점입니다. 북쪽으로는 1년 내내 얼어 있는 북극해와 접해 있고, 모스크바에서 멀리 떨어져 있는 태평양 연안의 블라디보스토크항 역시 완전한 부동항은 아닙니다. 게다가 블라디보스토크항도 갇힌 바다에 위치합니다. 일본 열도에 둘러싸인 갇힌 항구라서 유사시에 대한 해협, 쓰가루 해협, 소야 해협 등이 막히게 되면 바다로 나갈 길이 전무하지요. 이에 소련의 지정학적 정책은 부동항 확보를 위한 남하 정책이 주가 되었습니다.

미국은 서유럽과 태평양 연안의 동맹국을 주축으로 소련의 팽창을 막기 위한 봉쇄 정책을 펼칩니다. 또, 소련은 이 봉쇄를 넘어 해양과 제3세계로 진출하는 대응 정책을 실시합니다. 이를 위해 핵을 개발하고 대륙 간 탄도 미사일ICBM, 인공위성 등을 개발하면서 미국과 대립하는 냉전 체제 시기를 열게 됩니다.

끝나지 않은 전쟁, 한국 전쟁

전쟁 발발 70년이 넘었지만, 아직도 승패가 나지 않은 전쟁이 바로 6·25 한국 전쟁입니다. 한반도가 강대국들의 전쟁터가 됐던 사례는 한국 전쟁만이 아닙니다. 유라시아 대륙과 태평양 사이에 위치한 지리적 특징 때문에 냉전 체제 이전부터 해양 진출을 원하는 대륙 세력과 이를 막고자 하는 해양 세력 간 대결의 장이 될 수밖에 없었습니다.

1885년, 영국 해군은 한반도의 여수와 제주도 중간에 위치한 작은 섬 거문도를 무단으로 점령합니다. 당시 아프가니스탄과 전쟁 중이던 러시아 제국의 함대가 블라디보스토크항에서 아프가니스탄에 가기 위해서는 대한 해협을 통과해야 했습니다. 19세기 강대국이었던 영국은 러시아의 남하를 막기 위해 군사 전략상 중요한 길목에 위치한 거문도를 점령한 것입니다.

영국의 거문도 점령과 일본 해군의 성장으로 해양 진출이 막히게 된 러시아는 1886년부터 시베리아 횡단 철도 건설을 계획했습니다. 철도가 완성되면 러시아가 한반도로 내려와 부동항을 차지하려 할 것이고, 이로써 러시아의 세력이 동아시아를 향해 확장될 것을 우려한 일본은 더 이상 러시아와의 전쟁을 피할 수 없다고 판단했습니다. 또한, 러시아가 청나라와 협력해 한반도를 지배하려는 것을 막고, 러시아와의 영토 경쟁에서 좀 더 유리한 입지를 확보하기 위해서는 청나라부터 제압해야 한다는 판단으로 일본은 청일 전쟁(1894)을 일으켜 승리했습니다. 이후 해양 세력인 영국과 동맹을 맺고, 러일 전쟁(1904)에서까지 승리를 거두었지요. 두 전쟁은 모두 한반도에서 벌어졌고요. 이렇듯 한국 전쟁 이전에 이미 한반도는 지정학적인 갈등과 전쟁의 격전지가 되어 버렸습니다.

승승장구하던 일본은 마침내 한반도를 침탈해 식민지로 삼았습니다. 해양 세력인 일본이 대륙으로 진출하기 위해서는 교두보가 절실했기에 이웃해 있는 한반도를 장악한 것입니다. 이후 무리한 팽창욕으로 제2차 세계 대전에 참전했지만 결국 패하고 말았습니다.

일본의 패망에도 불구하고 한반도는 완전한 독립을 이루지 못했습니다. 1945년 12월, 전후 문제 처리를 위해 소집된 모스크바 삼국(미국, 영국, 소련) 외상 회의에서 세 나라는 중국과 함께 한반도를 신탁 통치 하기로 하고, 동시에 미·소 공동 위원회를 설치해 지원할 것을 의결했습니다. 이에 남북으로 나누어진 한반도에서의 주도권을 두고 미국과 소련 양국이 첨예하게 대립하게 되지요.

제2차 세계 대전의 승전국 소련은 다시 태평양으로 진출할 출구를 찾고자 했습니다. 때마침 미국 국무장관 딘 애치슨이 발표한 '애치슨 선언'에 '미국의 태평양 방어선에서 한반도를 제외한다'는 내용이 발표됩니다. 즉, 애치슨 라인 밖 지역이 침략당했을 때 미국이 안보를 보장해 주지 않을 것이니, 만약 침공이 발생하면 스스로 저항해야 한다고 해석할 수 있는 내용입니다. 이에 소련의 스탈린은 김일성의 전쟁 발발에 동의하고, 중국 역시 소련과 협력해 한국 전쟁에 참여합니다.

1950년부터 1953년까지 지속된 이 전쟁으로 한반도가 겪어야 했던 피해는 너무나 비극적이었습니다. 남북한의 사회 및 경제 기반이 철저하게 파괴되었고, 수백만 명의 인명 피해와 인구 이동으로 전 국민이 고통을 겪었습니다. 오늘날까지도 세계 유일한 분단국가로 남게 되었을 뿐만 아니라 남과 북, 서로를 증오하고 편을 갈라 적대시하는 사고방식이 대물림되고 있습니다.

한국 전쟁은 제2차 세계 대전 후 해양으로의 진출을 갈망하는

■ 1953년 7월 27일에 이루어진 한국 전쟁 휴전은 오늘날까지도 지속되고 있다

소련과 그런 소련의 진출을 막으려는 미국이 각각 북한과 한국을 앞세워 치른 대리전쟁이라 볼 수 있습니다. 미국은 제2차 세계 대전과 한국 전쟁을 거치며 일본에서부터 대만, 필리핀, 베트남에 이르기까지 동아시아로 통하는 해상 관문에서 소련과 중국 등 대륙 세력의 진출을 막는 전략적 입장을 취해 왔습니다.

미국과 소련의 2차 대리전, 베트남 전쟁

베트남 전쟁은 1955년부터 1975년까지 남베트남과 북베트남 간에 벌어진 전쟁입니다. 민족 해방이라는 대의를 내건 전쟁이지만, 이 전쟁 역시 남베트남을 지원한 미국과 서방 진영 국가들, 북베트남을 지원한 소련과 중국, 두 진영 간의 대리전쟁이었습니다.

베트남은 1884년부터 프랑스의 식민 지배를 받아 왔습니다. 그러다 제2차 세계 대전에서 프랑스가 독일의 침공을 받아 세력이 약해지자 베트남은 일본의 보호국이 되었습니다. 태평양 전쟁에서 일본이 패망하며 베트남은 다시 프랑스의 보호령에 포함되었지요. 이후 베트남 독립 동맹의 지도자 호찌민이 프랑스로부터의 독립을 공식 선포하지만 제2차 세계 대전 승전국인 프랑스는 이를 인정하지 않았습니다. 이에 베트남 독립군은 프랑스와 전쟁을 시작했습니다.

1946년에 시작된 8년여의 전쟁은 베트남의 승리로 끝났지만 북베트남과 남베트남으로 나뉘어 다시 남북간 전쟁을 벌이게 되었습니다. 결국 베트남 전역에 걸친 자유선거를 실시하는 것으로 협상하며 1956년, 휴전에 접어들었습니다.

제2차 세계 대전 이후 소련을 중심으로 한 공산 진영의 확산을 경계하던 미국은, 베트남 선거에서 북베트남 공산주의 정권의 승리가 우세해지자 남베트남 정부를 지원하며 총선을 거부하도록 조종합니다. 이 무렵 남베트남에서는 응오딘지엠 총리의 억압적 통치로 인해 국민의 불만이 높아졌습니다. 이에 북베트남에서 훈련받고 무장한 베트남 독립 동맹 병사들, 일명 '베트콩'들은 남베트남의 고향으로 돌아가 게릴라전 형태의 저항을 시작했습니다. 북베트남이 이들을 지원하면서 1960년 남북간 전쟁이 본격화되었지요.

그러던 중 1964년, 베트남 북쪽 앞바다 통킹만에서 미 해군 구축함이 북베트남 어뢰정에 공격당하는 일이 발생했습니다. 이 해상 교전을 빌미로 미국이 직접 전쟁에 참여하며 제2차 인도차이나 전쟁, 즉 베트남 전쟁이 발발했습니다. 미국 중심의 세력이 한반도와 대만을 거쳐 인도차이나반도까지 점령할 경우 해양으로의 진출이 봉쇄될 것을 우려한 중국도 소련과 함께 북베트남을 지원하며 전쟁에 개입했지요. 미국의 동맹국 자격으로 우리나라까지 참전한 끝에 20여 년간의 전쟁은 1975년 북베트남의 승리로 종결됩니다. 한국 전쟁은 어느 한쪽의 승리로 끝나지 않고 휴전한 반면, 북베트남의 승리로 끝난 베트남 전쟁으로 베트남은 사회주의 국가가 되었다는 차이점이 있습니다.

세계 최강의 미국이라지만 현대의 여러 전쟁에서 미국이 일방적으로 승리한 경우는 거의 없다시피 합니다. 베트남 전쟁 역시 정

바다를 통해 국제 정세에 개입하다

미국이 통킹만 사건을 명분으로 베트남 전쟁에 개입했지만, 이후 이 사건이 미국의 자작극으로 밝혀졌습니다. 이처럼 다른 나라 상황에 끼어들기 위해 바다에서 조작되거나 과장된 사건들이 제법 있습니다. 특히 바다에서의 물리적 충돌은 지정학 갈등에서의 단골 소재였지요.

1856년, 청나라 수군이 영국 해적선 애로호를 단속하는 과정에서 영국 국기가 훼손된 일을 빌미로 영국은 제2차 아편 전쟁을 일으켰습니다. 비슷한 시기인 1875년에는 일본 함선 운요호가 조선 해안을 탐사하겠다며 강화도 및 영종도 일대를 침범합니다. 조선의 경고 사격에 교전을 벌인 뒤 일본은 이를 빌미로 배상을 요구하며 불평등 조약인 강화도 조약을 체결해 강제로 조선의 문호를 개방하게 했습니다.

오늘날에도 바다는 종종 이러한 국제적 시빗거리의 대상으로 쓰이곤 합니다. 러시아와 일본의 북방 영유권 분쟁, 중국과 일본의 센카쿠 열도(중국명 댜오위다오) 갈등이 그 예입니다. 침범이 명확히 드러나는 육지와 달리 바다는 자로 잰 듯 구분하기 애매한 특성이 있어 더욱 그러할 것입니다.

글 속에 토굴을 파고 저항한 게릴라 조직 베트콩에 미국이 사실상 항복을 선언하고 물러난 전쟁입니다.

한국 전쟁과 베트남 전쟁은 냉전의 희생양이 되어 겪은 동족상

잔의 전쟁이었습니다. 두 전쟁 모두 해양 진출로 확보가 필요했던 소련 및 중국 중심의 대륙 세력과, 이들 진영의 해양 진출을 막기 위한 미국 중심의 해양 세력 간 이권이 개입된 전쟁이었습니다. 이후 지정학에 의한 냉전 시대는 반세기 동안 유지되었지만, 소련이 해체되면서 미국은 이인자가 없는, 세계 유일의 강대국으로 자리 잡으며 냉전은 사실상 종결되었습니다.

다시 바다로,
미국과 맞서는 중국

일찍이 나폴레옹은 "중국은 잠자고 있는 거인이며, 이 거인을 깨우는 자는 후회하게 될 것이다."라고 경고했습니다. 총면적 약 964만km², 아시아에서 러시아 다음으로 넓은 면적을 가진 중국은 약 2만 2,800km의 내륙 국경선과 약 3만 2,000km의 해안선(대륙 해안선 1만 8,000km, 도서 해안선 1만 4,000km)을 지니고 있습니다. 러시아의 해안이 대부분 고위도에 위치해 있어 바다로 진출할 길이 막혀 있는 것과 달리 중국은 언제든 바다로 진출할 수 있는 많은 항구를 가지고 있습니다. 이러한 지리적 이점을 바탕으로 중국은 일찌감치 해상을 통해 남아시아와 아라비아반도를 거쳐 동아프리카까지 진출했습니다. 콜럼버스의 대항해 보다도 80년 이상 앞선 행보였지요. 그리고 이때 선단을 이끈 인물이 명나라의 정화입니다.

콜럼버스보다 빨랐던 정화의 대원정

　명나라 시절, 정화가 이끄는 선단은 1405년부터 1433년까지 총 일곱 차례의 대항해를 통해 인도양 전역을 누볐습니다. 이 활동 시기는 콜럼버스의 아메리카 대륙 발견(1492)과 바스쿠 다가마의 희망봉 항해(1497)보다도 훨씬 앞선 시기였습니다. 시기적으로만 앞선 것이 아닙니다. 선단의 규모도 승선 인원이 3만 명에 달했으며, 매번 항해에 동원된 선박은 100여 척이나 됐습니다. 길이와 너비가 대략 130m×50m나 되는 보선(寶船, 보물을 가지러 가는 배)이 20~30척씩 포함되는 대규모 선단이었지요.

　콜럼버스의 선단이 길이 약 20m가 안 되는 3척의 작은 범선에 90여 명의 선원을 태워 항해했고, 바스쿠 다가마의 선단도 길이 25m가 채 안 되는 4척의 범선에 승선 인원은 겨우 160여 명이었습니다. 이를 보면 정화의 선단이 국가로부터 얼마나 전폭적인 지원을 받았는지 짐작할 수 있습니다. 항해의 주요 목적은 동아시아 교역의 길목인 믈라카 해협을 위협하던 한족 해적 세력을 소탕하고, 인도양에서 남중국해까지 가는 주요 해로를 안정적으로 확보하는 것이었습니다.

　이 해상 실크 로드를 통해 여러 나라와 활발히 교류하면서 중국에는 각종 외국 물품이 수입됐고, 중국인들의 해양 진출도 본격

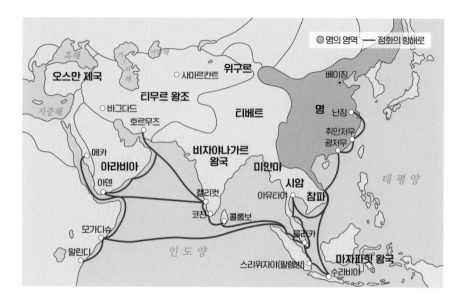

■ 정화 선단은 남아시아와 아라비아 반도를 거쳐 동아프리카까지 진출했다.

화되었습니다. 그러나 1433년, 정화 선단은 일곱 번째 원정을 끝으로 다시는 바다로 나가지 못합니다. 명나라는 원정과 관련한 각종 기록을 없애고, 선박 건조 시설도 폐기했을 뿐만 아니라 민간 차원의 해양 무역과 선박 건조까지 금지하는 해금령을 반포했습니다.

　정화 선단이 사라진 유라시아 대륙 동남쪽 바다는 유럽 해양 세력들이 장악하게 되었습니다. 정화 이후 60여 년만에 바스쿠 다 가마가 희망봉을 돌아 아시아로 통하는 해로를 개척했고, 이후 유럽의 해양 세력은 인도양과 동아시아 태평양 연안 해상까지 장악했습니다. 스페인은 신대륙을 넘어 필리핀까지 점령했고, 믈라카 해협을 점령한 포르투갈은 중국의 마카오를 중심으로 활발한 교역을 펼쳤습니다. 또한 일본은 유럽-중국 교역의 중간 기지 역할을 하면서 부를 쌓는 동시에 유럽 해양 세력과의 연계를 만들어 갔지요. 반면, 당시 동서양을 통틀어 가장 발달한 문명을 자랑했던 중국의 국력은 서서히 쇠락해 갔습니다. 그렇다면 명나라는 왜 정화의 대원정을 중단했을까요?

역사를 바꾼 지정학적 선택

인생에서 타이밍이 중요하듯 국가의 흥망성쇠에도 정치적 상황과 타이밍이 정말 중요합니다. 명나라가 정화의 대원정을 지속할 수 있었다면 지정학적 세계사는 크게 달라졌을지도 모릅니다. 그러나 당시 명나라의 타이밍은 그렇지 못했습니다. 기껏 명나라에 말과 모피 등을 팔던 서북쪽 몽골 계통의 유목민들이 점차 무역 규모를 키우며 명과 마찰을 빚었습니다. 명나라로서는 막대한 비용이 들어가는 정화의 원정을 중단하고, 내륙의 서북 방면을 방어하는 데 집중할 수밖에 없는 상황이었지요.

유라시아 대륙의 동남쪽 해안을 소유한 중국의 지정학적 위치는 해상 무역을 통한 경제적 번영과, 서북 방면에서 공격해 오는 대륙 세력의 방어라는 두 가지 과제 중 우선순위를 선택하게 했습니다. 중국이 근래에 와서야 동남쪽 해양 진출에 중요성을 두고 있기는 하지만, 중국의 길고 긴 역사 중 바다를 통한 세력 확장에 무게를 실었던 때는 정화의 원정이 있던 시기가 유일합니다. 그 정도로 과거 중국은 대륙 침공에 대한 방어를 우선시했습니다. 중국 최초의 통일 왕국을 성립한 진시황이 만리장성을 쌓았던 것도 서북방의 방어를 우선순위로 했던 것을 보여 줍니다.

만약 중국이 정화의 대원정 정책을 폐기하지 않았다면 유럽 세력은 아시아에 들어오지 못했을지도 모릅니다. 또한, 무역을 통해 세계 곳곳의 선진화된 문물을 접한 중국이 근대화를 먼저 이루어 동서양의 관계가 역전될 수 있었겠지요.

21세기 해양 실크 로드

중국은 대륙과 해양 중에 하나만을 선택했던 과거의 실수를 되풀이하지 않으려 합니다. 현재 중국은 과거와 같이 서북쪽 대륙에서의 침입에 대한 방어를 고민할 필요가 없습니다. 이제 해양을 끼고 있는 우월한 지정학적 위치를 활용해 국력을 해외로 펼칠 준비를 마쳤습니다. 그 대표적인 정책이 앞서 여러 차례 언급한 일대일로 정책입니다. 중국은 향후 35년 동안(2014~2049)의 대외 노선인 일대일로 정책을 통해 다시 대륙과 해양의 실크 로드 경제권을 만들어 강대국으로 도약하고자 합니다.

'일대一帶'는 여러 지역이 통합된 '하나의 지대'를 가리키는 말로, 중국에서 중앙아시아를 거쳐 유럽을 연결하는 '실크 로드 경제 벨트'를 뜻합니다. 과거에 낙타를 타고 비단과 향신료 등이 오갔던 육상 실크 로드를 도로, 철도, 파이프라인으로 대체해 중국과 유라시아 국가들 간의 협력을 확대하는 경제 벨트를 건설하려는 것입니다. 이렇게 되면 중국은 인도나 러시아, 미국의 간섭 없이 곧장 중앙아시아로부터 원유와 천연가스 등의 에너지 자원을 공급받을 수 있고, 중동, 유럽, 아프리카 시장에도 접근할 수 있게 됩니다.

'일로一路'는 '하나의 길'을 가리키는 말로, 동남아시아에서 서남아시아를 거쳐 유럽 및 아프리카로 이어지는 '21세기 해양 실크 로드'를 뜻합니다. 정화의 원정대가 개척했던 남중국해(태평양) – 동남아시아 – 남아시아 – 인도양 – 아프리카를 잇는 바닷길을 확보해 신 해양 실크 로드를 만들겠다는 구상입니다. 현재 중국은 믈라카 해협을 통해 원유 및 천연가스를 비롯한 거의 대부분의 수출입품을 운송하고 있습니다. 믈라카 해협은 태평양과 인도양을 잇는 뱃길이자 세계 해상 물류의 20%가량이 통과하는 중요 항로이지요. 해양 실크 로드 건설로 이 운송로를 안정적으로 확보해 에너지 안보를 확고히 하고 아울러 해상 운송로를 지배하고자 하는 전략입니다. 일대일로 구상에는 대략 60개국 40억 명의 인구가 그 영향권 안에 포함됩니다.

중국과 미국의 신냉전

1989년 베를린 장벽이 무너지고, 1991년 소련이 해체되면서 냉전 시대는 종료되었습니다. 이후 미국만이 유일한 세계 패권국으로 군림하는 '팍스 아메리카나' 시대가 한동안 지속되었지요.

그사이 1979년 1월 미국과 수교를 맺은 중국은 상대적으로 약해진 러시아를 대신해 중앙아시아 국가들의 경제 및 정치적 유대를 끌어냅니다. 중앙아시아 국가들 역시 전략적 방향을 러시아에서 중국 쪽으로 옮겨 갔고요. 이로써 서북방 대륙 쪽 방어선에 안정을 찾은 중국은 일대일로 정책을 펼치며 태평양 연안으로의 확장에 국력을 집중할 수 있게 된 것입니다.

어느덧 최대 경쟁자로 성장한 중국으로 인해 미국은 독주 체제에 위협을 받고 있습니다. 이에 외교의 중심을 아시아로 옮기겠다는 '아시아 회귀 정책'을 추진하며 동맹국들과 함께 중국의 해양 진출을 저지하려고 합니다. 환태평양 경제 동반자 협정TPP, 인도-태평양 경제 프레임워크IPEF 등이 이에 해당합니다. 중국을 배제한 이들 동맹의 목적은 중국의 경제적 영향력을 막는 것입니다. 이처럼 미국과 중국이 산업 및 무역 등 경제 분야를 바탕으로, 갈등을 넘어 본격적인 패권 전쟁에 돌입한 양상을 '신냉전'이라고 표현합니다.

신냉전 시대에서의 국제 관계는 공산주의나 자본주의 같은 이데올로기보다 자국의 정치·경제적 이익을 더 우선시하고 있습니다. 자국의 이익에 반한다면 동맹 체제는 언제든지 결속을 달리할 수 있는 것입니다. 이제 전장의 한가운데 자리 잡은 동아시아 및 동남아시아 국가들은 더 이상 과거와 같이 강대국의 요구에 수동적인 자세로 움직이지 않습니다. 자국의 이익을 위한 정치적 선택이 중요한 시기입니다.

아시아 해양 영토 분쟁의 핵심, 열도선

역사상 강대국들은 인접 바다를 지배하며 팽창했습니다. 그리스가 에게해를, 로마가 지중해를, 미국이 카리브해를 통해 세력을 넓혀 갔듯이 말이지요. 중국의 일대일로 정책도 이와 같은 전략입니다. 중앙아시아를 연결해 인도양과 페르시아만에 접근하고, 남국중해로부터 유라시아의 양쪽 항로를 확보해 세계의 주요 해상로를 지배하겠다는 계산입니다. 이를 위해 중국은 바다의 적극 방위 전략인 '열도선island chains'을 제시합니다.

열도선을 둘러싼 갈등

열도선은 중국의 핵심 군사 전략인 동시에 미국에 대한 방어

■ 중국이 새롭게 취하는 지정학적 전략인 열도선

선 역할을 합니다. 제1열도선은 일본 오키나와 - 필리핀 - 호앙사 군도를 연결하는 선이고, 제2열도선은 이보다 훨씬 바깥쪽의 일본 이즈 제도 - 괌 - 사이판 - 파푸아뉴기니를 포괄합니다. 최근에는 알류샨 열도에서 시작해 하와이, 남태평양 미국령 사모아를 거쳐 뉴질랜드에 이르는 제3열도선 개념도 나오고 있습니다.

남중국해는 서남아시아에서 인도양, 동남아시아, 동아시아로 이어지는 해상 교통의 요충지로, 원유 수송 및 무역을 위해 해양 영역 확보가 중요한 해역입니다. 중국으로 수입되는 물량의 80% 정도가 이 해역을 통과하고 있으며, 더욱이 여기에는 원유 및 천연가스 등의 자원이 풍부하게 매장되어 있습니다.

'거꾸로 된 만리장성'으로 불리기도 하는 제1열도선은 중국의 태평양 진출을 저지하는 미국과 동맹국들의 저지선이 되면서 곳곳에 분쟁이 일어나고 있습니다. 대만, 일본명 센카쿠 열도(중국명 댜오위다오), 베트남명 호앙사 군도(중국명 시사 군도), 필리핀명 스카버러 섬(중국명 황옌다오), 영국명 스프래틀리 군도(중국명 난사 군도) 등에서 해양 영토를 확보하기 위한 갈등이 나타나고 있습니다.

침몰하지 않는 항공 모함, 대만

최근 가장 부각되는 갈등 지역은 중국이 지속적으로 '하나의 중국'을 주장하는 대상인 '대만(타이완)'입니다. 중국과 대만의 문제는 청나라가 멸망한 시점으로 거슬러 올라갑니다.

청나라가 멸망한 1912년 이후, 중국은 군인들에 의한 통치 시대를 맞이했습니다. 혼란한 상황 속에서 중국 사회를 바꾸려는 두 세력이 등장하는데, 바로 1919년 쑨원이 창당한 국민당과 1921년 창당한 공산당입니다.

1949년, 국민당과 공산당 사이의 내전(국공 내전)에서 공산당이 승리한 후 중국 대륙은 중화 인민 공화국(오늘날 중국)으로, 패한 국민당은 대만섬으로 이주해 중화민국으로 독자적인 정치 체제를 유지하고 있습니다.

중국은 현재 대만에서 주권을 행사하지는 못 하지만 그럼에도 대만을 중국 영토의 일부라고 생각합니다. 군사적 충돌은 경제적으로 큰 대가를 치르게 될 수 있기 때문에 피하려 하지만, 대만을 독립국으로 절대 인정하지 않을 것입니다.

반면 미국은 전략적 요충지로서의 대만을 지원해야 했습니다. 중국이 대만을 장악할 경우 중국은 제1열도선에 대한 전략적 우위를 확보하고 이를 바탕으로 동아시아에서 패권을 장악할 것이기 때문입니다. 미국의 전설적인 군인 더글라스 맥아더는 대만을 '침몰하지 않는 항공 모함'이라 불렀다고 합니다. 대만의 전략적 가치가 그만큼 크다는 의미입니다. 그렇기에 미 해군이 중국 본토와 대만 사이의 바다를 순찰하며 중국으로부터 대만을 보호하는 것입니다.

센카쿠 열도의 댜오위댜오

센카쿠 열도에서 가장 큰 섬 조어도(중국명 댜오위댜오)는 대만 북동쪽 190km, 오키나와 서남쪽 400km, 중국에서 330km 떨어진 지점에 위치해 있습니다. 1884년 일본인이 처음 조어도에 상륙했다가 청일 전쟁이 진행 중이던 1895년 비공개로 일본 영토에 편입된 후 현재 일본이 실효 지배하고 있습니다. 하지만 이곳에 대해 중국과 대만이 영유권을 주장하고 있습니다.

2010년 9월 일본 해경은 센카쿠 열도에서 불법으로 고기를 잡던 중국인 선장을 체포했습니다. 이에 대한 항의 조치로 중국은 일본에 희토류 수출을 금지하겠다고 선언했지요. 결국 일본은 중국 선장을 3일 만에 석방할 수밖에 없었습니다. 이렇듯 중국은 막강한 경제력과 해군력을 바탕으로 이 지역의 해역을 점령해 들어가고 있습니다.

스프래틀리 군도가 지닌 가치

스프래틀리 군도(중국명 난사 군도, 필리핀명 칼라얀 군도, 베트남명 쯔엉사 군도)는 남중국해 남쪽 해역에 위치한 암초섬 무리입니다. 수많은 암초들을 중국, 대만, 필리핀, 말레이시아, 베트남이 나누어 차지하고 있고, 브루나이까지 포함해 6개국이 영유권을 주장하고 있습니다.

이곳에서 중국은 미스치프 및 피어리크로스, 수비 암초 등을 점거하고 있으며, '모래 장성the Great Wall of Sand'으로 불리는 인공 섬을 조성하고 이를 군사 기지화 하려는 정책을 거세게 펼치고 있습니다. 원래 스프래틀리 군도에서 가장 큰 섬은 타이핑다오(이투아바 섬, 0.56㎢)였으나, 중국의 인공 섬 건설에 따라 메이지자오(미스치프 암초, 5.58㎢), 융수자오(피어리크로스 암초, 2.74㎢), 주비자오(수비 암초, 2.4㎢) 등이 더 큰 섬이 되었지요.

중국이 이들 거점에 대한 관할권 확보에 열을 올리는 것은 이 지역 해상 영토에 대한 중요성이 크기 때문입니다. 스프래틀리 군도의 최종 소유권이 인정된다면, 이 섬들을 기준으로 배타적 경제 수역을 설정하게 되어 반경 200해리의 아주 넓은 수역의 경제권을 확보할 수 있습니다. 즉, 이 지역에 매장되어 있을 막대한 양의 석유와 천연가스 확보뿐만 아니라, 수역 내 어업권까지 갖게 되는 것이지요.

더욱이 이 지역은 남중국해의 핵심 항로이자 세계 물류의 요충지이기도 합니다. 중국이 우리나라나 일본, 대만 등 동북아 국가와 갈등 관계에 놓였을 때 스프래틀리 군도 일대를 봉쇄해 버리면, 유럽에서 이들 국가로 향하는 선박은 인도네시아 외곽 또는 오스트레일리아 외곽을 통과하는 먼 길을 이용할 수밖에 없습니다. 비슷한 이유로 중국은 파라셀 군도(중국명 시사 군도) 부근에서도 두 개의 섬을 확장 중입니다.

육지가 바다를 지배한다

중국을 포함한 역내 국가들이 도서 영유권 확보를 위해 힘쓰는 이유는 1969년 독일과 네덜란드, 덴마크 사이의 대륙붕 경계 획정에 관한 분쟁에서 국제 사법 재판소가 내린 판결 때문입니다. 이때 확립된 원칙이 '육지가 바다를 지배한다The Land governs the Sea'입니다. 크기와 상관없이 영토로 지정된 섬은 그로부터 200해리의 배타적 경제 수역을 확보할 수 있는 기점이 된다는 것이지요. 배타적 경제 수역은 국제법상 해당 수역의 경제적 권리를 독점할 수 있는 제도로서 해양 자원을 확보하고 관리하는 데 매우 중요하게 활용됩니다.

남중국해에서의 갈등은 중국이 지금 누리는 경제적 번영을 위한 구상과, 중국에 의한 경제적 침탈을 막기 위한 역내 국가들의 필연적 선택으로 볼 수 있습니다. 고대 그리스의 역사가 투키디데스는 그의 저서 《펠로폰네소스 전쟁》에서 "신흥 강국이 부상하면 기존 패권 국가가 두려움을 느끼고 무력을 통해 전쟁을 일으킨다."

고 했습니다. 펠로폰네소스 전쟁 역시 신흥 강국으로 떠오른 아테네에 불안을 느낀 스파르타가 일으킨 전쟁이라 했고요. 이러한 현상을 '투키디데스의 함정'이라고 합니다.

신흥 강국 독일의 부상과 기존 패권국 영국의 견제는 두 차례의 세계 대전으로 이어졌습니다. 신흥 강국 중국의 부상과 기존 패권 국가 미국이 처한 상황 역시 투키디데스의 함정으로 이어지지는 않을지 우려가 됩니다. 그 시발점은 두 세력의 점이 지역인 대만이나 남중국해 연안 지역이 될 수도 있습니다.

다양함 속 단일화를 지향하는 동남아시아

흔히 동남아시아를 '인도차이나'라고 부릅니다. 인도와 중국 사이에 위치해 있어 두 나라의 영향을 동시에 받았기 때문에 붙여진 이름입니다. 그래서 동남아시아 문화에서는 인도와 중국의 문화적 특성이 많이 나타납니다.

동남아시아는 인도차이나반도뿐만 아니라 말레이반도와 인도네시아, 필리핀 등 크고 작은 섬들을 포함한 지역입니다. 동쪽에는 남중국해, 서쪽에는 벵골만이 있고, 북쪽으로는 중국과 접하고 있습니다. 인도양과 태평양의 길목에 있어 일찍부터 동서 교통의 요충지로 교류가 활발했지요. 특히, '바다의 실크 로드'라고 불리는 믈라카 해협을 통해 아라비아 상인들이 교역하면서 말레이시아와 인도네시아에는 이슬람 문화가 전파되었습니다. 또, 필리핀의 국명이 당시 필리핀을 식민 지배했던 스페인의 국왕 '필립 2세'의 이름에서 따온 것과 같이, 근대에 들어서는 식민지 건설을 위해 들어온 유럽과 미국의 문화에도 많은 영향을 받았습니다.

전통과 외래문화의 조화

이렇듯 동남아시아는 중국과 인도, 서남아시아 및 서양의 문화가 결합해 복합적인 문화를 형성했습니다. 하지만 외래문화의 특성을 그대로 흡수하기보다는 각 지역의 고유한 문화와 전통을 지키면서 발전해 왔습니다. 예를 들어, 동남아시아에는 결혼 전 신랑이 신부 측에 돈을 제공해야 하는 '신붓값' 문화가 있습니다. 인도의 지참금 제도나 중국의 전족이 여성에 대한 억압과 차별을 상징하는 것이라면, 동남아시아의 신붓값은 여성의 높은 지위 때문에 나타난 문화입니다. 중국으로부터 남아 선호 사상과 여성 차별 의식이 강한 유교 문화가 들어왔어도 동남아시아 특유의 모계 사회 문화를 지켜 온 것이지요.

종교 또한 다양한 외래문화의 영향을 받았습니다. 동남아시아 대부분의 국가는 불교와 힌두교, 이슬람교를 신봉합니다. 다만 힌두교는 받아들였어도 카스트 제도는 받아들이지 않았습니다. 스페인과 미국의 영향을 받은 필리핀은 크리스트교를, 말레이시아와 인도네시아는 아라비아 상인들에 의해 전파된 이슬람교를 주로 신봉하지요. 서남아시아의 이슬람 국가들에 비해 종교를 통한 단결력은 강하지 않고, 강한 율법보다는 상생과 조화를 강조합니다. 서남아시아에서는 열악한 자연환경과 치열한 정치적·종교적 투쟁 속에 이슬람교가 자리 잡았지만, 동남아시아는 상대적으로 풍요로운 자연환경 속에 이슬람교가 전파되면서 이곳만의 전통 문화와 어우러진 결과입니다. 이렇듯 동남아시아 국가들은 여러 외세의 영향을 자신들만의 독특한 문화와 융화해 발전시켜 온 특성이 있습니다.

동남아시아 국가 연합

동남아시아 국가 연합ASEAN, 아세안은 1967년 인도네시아의 제안으로 경제적·사회적 협력과 지역 안보 등을 위해 결성한 연합체입니다. 인도네시아, 말레이시아, 싱가포르, 필리핀, 타이로 시작해, 이후 베트남에 이어 라오스, 미얀마, 캄보디아, 브루나이가 합류하면서 동남아시아 공동체를 형성했습니다. 설립 초기에는 비정치적 분야의 협력이 주된 목표였으나, 이후 안전 보장 및 정치 문제의 협력까지 범위를 넓히고 있지요. 우리나라를 비롯해 미국, 일본, 중국, 러시아 캐나다, 오스트레일리아, 인도, 유럽 연합 등 역외 국가들과도 다양한 영역에서의 협력을 도모하고 있습니다.

이처럼 많은 국가가 협조적인 이유 중 하나는 동남아시아에 6억 8,000만 명이 넘는 많은 인구가 살고 있기 때문입니다. 이 중 35세 이하 비중이 60% 이상으로, 동남아시아는 매우 젊고 역동적입니다. 여기에 풍부한 천연자원과 노동력, 시장 개방의 확대로 오늘날 세계에서 가장 빠르게 성장하는 지역으로 주목받고 있지요.

동남아시아 국가 연합은 외교에 있어 두 가지 핵심 원칙을 고수합니다. 첫 번째 원칙은 '만장일치'입니다. 동남아시아 국가 연합의 공식 입장은 다수결의 원칙이 아닌 '만장일치'로 정한다는 것입니다. 이러한 방식을 '아세안 웨이ASEAN WAY'라고 합니다. 두 번째 원칙은 '아세안 중심성ASEAN Centrality'입니다. 외교를 포함한 모든 문제를 해결할 때, 항상 동남아시아 국가 연합이 중심이 되어야 한다는 원칙입니다. 회원국들은 각각 다른 나라와 외교하는 경우도 있지만 대체로 동남아시아 국가 연합으로 뭉쳐 외교를 하는데, 이 두 가지가 핵심 원칙이 됩니다.

미국과 중국의 신냉전 시대에 들어, 동남아시아 국가 연합 회원국들이 갖는 위상은 더욱 높아지고 있습니다. 중국 주도로 만들어진 역내 포괄적 경제 동반자 협정RCEP은 아시아·태평양을 단일 자유 무역 지대로 엮는 것을 목표로 합니다. 동남아시아 국가 연합 10개 회원국과 우리나라, 중국, 일본, 오스트레일리아, 뉴질랜드

등 15개국이 참여하고 있습니다. 앞서 언급한 상하이 협력 기구와 마찬가지로 역내 포괄적 경제 동반자 협정은 중국의 우방이 되어 줄 세력을 모으겠다는 맥락에서 만들어진 기구입니다.

반면, 미국은 인도·태평양 경제 프레임워크에 동남아시아 국가 연합 국가를 포함시켜 중국을 견제하고자 합니다. 인도·태평양 경제 프레임워크는 인도·태평양 지역 내 협력 체계를 강화하기 위해 만든 경제·안보 플랫폼 및 국제기구입니다. 결과적으로는 인도·태평양 지역에서의 경제적 연대를 통해 중국의 역내 영향력 확장을 차단하고 견제하기 위한 목적으로 만들어진 것입니다. 2023년 현재 우리나라와 미국을 비롯해 베트남, 필리핀, 일본, 오스트레일리아 등 14개국이 동참하고 있습니다.

동남아시아 국가 연합 국가 중에는 미국 동맹국도 있고, 친중국가도 있으며, 중립 노선 국가도 있습니다. 그래서 동남아시아 국가 연합은 두 패권국 사이에서 한쪽 국가의 편을 들지 않습니다. 이는 위에서 언급한 만장일치제, '아세안 웨이' 때문입니다. 그래서 동남아시아 국가 연합 회원국들은 회원국 전체의 입장으로 미국이나 중국, 어느 한쪽 편에 서지 않고, 특정 분야에서만 자신들의 이해관계에 맞는 선택을 하고 있습니다. 즉, 미국과 중국 사이에 균형을 유지하면서도 동남아시아 국가 연합 회원국끼리는 단결하고자 노력합니다. 이러한 태도는 과거 인도와 중국 및 외세의 영

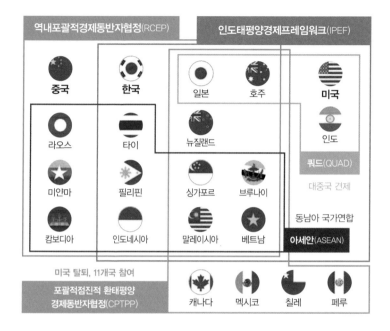

역내포괄적경제동반자협정(RCEP)			인도태평양경제프레임워크(IPEF)

중국　　한국　　　일본　　호주　　　미국

라오스　　타이　　뉴질랜드　　　　인도

쿼드(QUAD)
대중국 견제

미얀마　　필리핀　　싱가포르　　브루나이

캄보디아　　인도네시아　　말레이시아　　베트남

동남아 국가연합
아세안(ASEAN)

미국 탈퇴, 11개국 참여
**포괄적점진적 환태평양
경제동반자협정(CPTPP)**

캐나다　　멕시코　　칠레　　페루

■ 미국과 중국이 각각 주도하는 경제 협력체의 현황

향을 받으면서도 그 나름의 고유한 문화와 전통을 지키고 발전해
왔던 모습을 닮아 있는 듯합니다.

이제 우리의 지정학 여정도 막바지를 향해 갑니다. 문명의 발
상지인 메소포타미아와 나일강에서 출발해, 중앙아시아와 남아시
아를 들여다보고, 유럽을 거쳐 신대륙 아메리카를 만난 뒤 아프리
카와 동남·동아시아까지 살펴봤습니다.

지금까지의 여정에서 반복적으로 마주한 화두는 오늘날의 패권 국가인 미국과 새로운 도전자인 중국 간의 갈등입니다. 우리가 지정학을 공부하는 가장 큰 이유 중 하나는 미국과 중국의 신냉전 구도 속에 대한민국이 가야 할 합리적인 방향은 어디인지를 알기 위함일 것입니다. 그리하여 우리의 마지막 여행지는 세계를 돌고 돌아 한반도, 대한민국으로 향합니다.

7장

지정학적
한계를 넘어,
한반도

미국의 지정학자 니콜라스 존 스파이크먼은 "아무리 지도자들이 유능해도 국가는 지리로부터 자유로울 수 없다. 지리를 통해 국가의 대외 전략을 보아야 한다."라고 말했습니다. 국가는 영토 보존과 국민 생존이 최우선이며, 도덕은 그다음이라는 견해도 밝혔습니다. 전형적인 사례가 조선의 역사에 있습니다.

1623년, 명나라와의 의리를 중시하던 조선의 서인 세력은 인조반정을 일으켰습니다. 쇠약해지는 명나라와 부강해지는 청나라 사이에서 중립적인 실리 외교를 추구하던 노선은 광해군 폐위와 함께 폐기되었습니다. 인조반정 이후, 명나라에 대한 명분과 사대를 중시하는 외교 정책은 결국 병자호란(1637)으로 이어지고, 조선은 역사에 길이 남을 치욕을 맞았습니다. 조선의 16대 국왕 인조가 매서운 겨울 강바닥에서 청나라 황제에게 아홉 번 머리를 조아린 '삼전도의 굴욕'을 겪게 된 것이지요.

오늘날의 한반도 상황은 어떠한가요? 이웃한 강대국 중국·러시아·일본 사이에서 남과 북으로 분단된 채 최강대국 미국이 군대를 주둔시키고 있습니다. 반으로 나뉘어 휴전 상태를 유지할 수밖에 없는 이유는 무엇일까요?

이번 장에서는 한반도가 분단된 지정학적 배경과 이를 둘러싼 국제 정세를 살펴보겠습니다.

패전국 일본이 아닌
한반도가 분단된 이유

제2차 세계 대전이 끝난 직후, 패전국이자 전범국이었던 독일은 연합국 4개국(미국, 영국, 프랑스, 소련)에 의해 분할 통치되었습니다. 다시는 독일이 전쟁을 일으키지 못하게 하기 위해서였지요. 그렇다면 패전국 일본 역시 다른 국가에 대한 침략과 강제 노역, 위안부 문제, 생체 실험 등 반인륜적인 전쟁 범죄에 대한 책임을 지는 것이 당연한 이치입니다. 그러나 일본이 아닌 한반도가 분할되었고, 그 고통이 지금까지 이어지고 있습니다.

이 역설적인 상황을 보면, 국제 사회는 그리 정의롭지 않다는 것을 직감할 수 있습니다. 국제 사회에는 도덕이나 정의보다는 힘의 논리가 더 우선합니다. 그리고 그 힘의 논리는 다름 아닌 '지정학'에 바탕을 두고 있습니다.

일본 분할 점령을 막은 미국

1910년에 조선을 강제 병합한 일본은 1937년, 중국 본토를 침공하며 제2차 세계 대전의 서막을 열었습니다. 더 나아가 1941년 12월에는 선전 포고 없이 미국의 해군 기지인 하와이 진주만을 공습하면서 태평양 전쟁을 일으켰지요. 이에 따라 미국이 제2차 세계 대전에 본격적으로 참전하고, 일본의 동맹국이었던 독일과 이탈리아는 자동으로 미국에 선전 포고를 합니다. 이로써 영국·미국·프랑스 중심의 연합국과 독일·일본·이탈리아의 추축국 구도가 형성됩니다. 추축국이란 독일 베를린과 이탈리아 로마를 잇는 선을 '중심축'으로 연합국과 대립한 나라들을 가리킵니다.

치열한 전쟁 끝에 이탈리아와 독일이 연합국에 항복하고, 일본의 폭주도 미국을 비롯한 연합국의 총공세에 패배로 끝났습니다. 당시 소련과 중국은 연합국 편에 서서 독일과 일본에 대항했지요. 중국은 국민당 정부와 공산당 세력이 주도권을 잡기 위해 내전을 벌이던 상황이었습니다. 1949년에 국민당 정부는 대만으로 쫓겨나고, 중국에는 마오쩌둥을 중심으로 한 공산주의 정부가 수립되었습니다.

태평양 전쟁이 끝나기 직전인 1945년 8월 13일, 미국 국무부가 작성한 기밀문서에는 일본 분할 점령 계획이 담겨 있습니다. 일

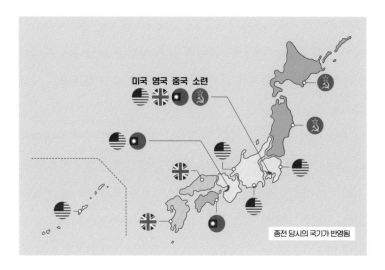

■ 제2차 세계 대전이 끝난 후, 잠시 고려되었던 일본 분할 점령안

본의 동북쪽 땅부터 소련, 미국, 중국(당시 국민당 정부), 영국 순으로 나누어 점령하는 구상이었지요. 미국, 영국, 중국, 소련이 아시아 지역에서 일본과 맞섰던 대표적인 연합국이었기 때문입니다.

미국으로부터 참전 요청을 받았던 소련은 그 대가로 일본 북부의 도호쿠와 홋카이도 지방을 원했습니다. 겨울에도 얼지 않는 항구를 확보해 해양 진출을 노렸던 소련 입장에서 일본은 매력적인 땅이었습니다.

사실, 소련이 제2차 세계 대전 중 일본과 전쟁을 한 기간은 일주일 정도에 불과합니다. 당시 소련이 일본에 선전 포고를 하고 전쟁에 참여한 것은 1945년 8월 8일입니다. 8월 6일 미국이 히로시마에 원자 폭탄을 떨어뜨리자마자 급히 참전한 것입니다. 미국이 일본을 포함한 동아시아 지역을 모두 장악할 것을 우려했기 때문이지요.

일본과의 전쟁에서 미군 사망자 수는 약 20만 명에 육박했으나 소련군은 약 7만 명으로 비교적 적은 편이었습니다. 희생은 최소화하고 실리를 최대로 취하려는 것은 모든 국가의 외교 전략입니다. 소련은 실리를 취하고자 태평양 전쟁이 끝나기 직전에야 참전해 만주와 일본 북부 사할린섬으로 군대를 보냈습니다. 장차 일본 본토의 도호쿠와 홋카이도 지역에 진출하고자 하는 전략적 포석이었던 셈입니다.

하지만 미국 입장에서 경쟁국 소련이 태평양으로 진출하는 길을 순순히 열어 줄 수는 없었습니다. 그래서 종전 후 소련이 일본 지역을 차지하는 것에 반대했고, 이는 결국 일본이 연합국들에 의해 분할되는 것을 막는 결과까지 초래했습니다. 일본과의 전쟁을 주로 담당한 미국에게도 전쟁 책임의 합리성보다 지정학적 이해득실이 더 중요했던 것입니다.

지정학이 지배하는 국가 간의 이해관계

소련을 견제하려는 미국의 전략은, 동시에 일본 군부의 노림수와도 들어맞았습니다. 패색이 짙어진 일본은 지더라도 어떻게든 더 이익을 남길 수 있도록 세밀한 종전 전략을 준비했습니다.

일본은 '패전'이라는 말 대신 '종전'이라는 말을 더 많이 씁니다. 전쟁에서 패배했다는 뜻의 패전보다는 자신들이 전쟁을 끝냈다는 뜻의 종전이 더 유리한 의미로 남기 때문입니다. 일본 수뇌부는 종전 이후 일본이 여러 나라에 의해 분할된다면 국력을 회복하기가 더 어려울 것이라고 계산했습니다. 또한, 소련이 참전한 후에야 항복을 선언하기로 계획했다는 것이 밝혀졌지요. 당시 일본 해군 소장 다카기 소키치는 종전 전략 보고서(1945년 3월)에 '소련이 일본과의 전쟁에 참전하면 공산주의 소련을 견제하려는 미국의 지원으로 일본은 다시 회생할 수 있다.'라는 내용을 담았습니다. 소련에 대한 종전 공작을 세운 타네무라 사코 대령 역시 '소련이 만주와 한반도에 공격을 시작한 후에 항복해야 한다.'고 입장을 세웠습니다.

일본은 한반도 군사 배치까지 치밀하게 계산했습니다. 한반도로 소련이 진입하는 것을 쉽게 하고, 미국이 진입하는 것을 최대한 막아 한반도에서 소련의 세력이 커질 수 있도록 계획했습니다. 실제로 1945년 8월, 일본은 오늘날 북한 지역에 군사 약 11만 명, 남한 지역에 약 23만 명을 배치했습니다. 특히 제주도에는 정예 군대 6만 명 이상을 주둔시키고, 미군에 대항하는 군사 시설을 대대적으로 건설했습니다. 지금도 제주도에 남아 있는 송악산 동굴 진지와 알뜨르 비행장 및 격납고 등 일본군 시설의 상당수가 이 시기에 만들어진 것입니다.

일본은 일본 영토를 대신해 만주나 한반도가 분단되는 것이 자신들에게 유리하다고 판단했습니다. 동시에, 자본주의 미국과 공산주의 소련의 경쟁 속에서 일본의 입지를 공고히 세우고자 했습니다. 일본 영토가 나뉘지도 않으면서, 미국과 소련 세력이 경쟁하는 지정학적 구도를 만들려면 어떻게 되어야 할까요? 소련이 만주와 한반도를 점령한다면, 미국이 소련의 태평양 진출을 견제할 수 있는 마지막 보루인 일본의 가치가 높아지게 됩니다. 그렇게 되어야 전쟁 이후에도 일본을 지키기 위한 미국의 지원이 이어지겠지요.

일본은 히로시마와 나가사키에 원자폭탄이 떨어져 수십만 명의 사망자가 발생한 상황에서도 곧장 항복하지 않았습니다. 아직 소련이 참전하지 않았기 때문입니다. 소련이 만주와 한반도로 진격을 시작한 다음에야 항복했습니다. 소련은 파죽지세로 만주를 점령하고, 참전 이틀 만에 한반도 북한 지방까지 밀고 내려왔습니다. 이에 놀란 미국이 한반도를 북위 38도선 기준으로 분할 점령

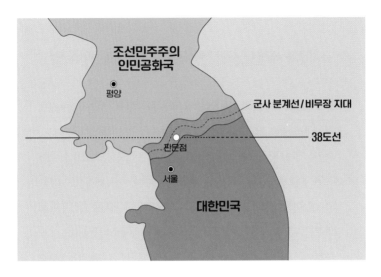

■ **연합군에 의해 그어진 38선**(1945년 8월)과 **한국 전쟁 휴전 후 그어진 군사 분계선**(1953년 7월)

할 것을 제안했고, 소련은 이를 수용했습니다(1945년 8월 13일).

일본은 그 이후인 1945년 8월 15일이 되어서야 정식으로 항복을 선언합니다. 일본이 원했던 대로 '소련이 참전하고, 한반도가 분할된' 다음에야 항복한 것입니다.

고노에 후미마로 총리(1937~1939년 재임)는 '소련의 참전은 신이 준 선물'이라고 표현했습니다. 요시다 시게루 총리(1946~1947년 재임)는 '제2차 세계 대전에서 패배한 일본이 제1차 세계 대전에서 승리했던 일본보다 더 낫다.'라고 말할 정도였지요. 그만큼 일본은 한반도의 분단으로 정치적·경제적 이익을 톡톡히 봤습니다. 아

제2차 세계 대전의 전범국으로 4분할되었던 독일

한반도 통일의 모델로 자주 등장하는 나라는 독일입니다. 서독과 동독으로 분할되었던 독일이 1990년에 평화적인 통일을 이루었기 때문입니다.

제2차 세계 대전의 패전국이자 전범국인 독일은 미국·영국·프랑스·소련에 의해 분할 점령되었습니다. 소련 점령지에 위치한 수도 베를린도 4분할되었고요. 이후 세계가 미국과 소련 두 강대국의 양극 체제로 흘러가자 독일의 분단 구도도 자본주의 서독과 공산주의 동독 체제로 바뀌었지요.

1980년대 후반 들어 유럽 공산권 국가들 사이에 민주화 운동이 확산되었습니다. 미국과의 경제적·군사적 경쟁에 밀린 소련은 쇠락하는 추세였고요. 이러한 분위기 속에서 1989년 동독 정부가 여행 자유화 조치를 발표하는데, 이를 서독으로의 자유로운 이동 허용으로 오해한 동베를린 시민들이 베를린 장벽을 무너뜨리고 국경을 넘어갔습니다.

이렇게 우연한 사건으로 독일은 통일을 맞이했습니다. 물론 서로 체제가 다름에도 상호 지원과 교류를 이어 왔기에 가능한 통일이었지요.

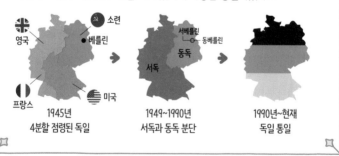

소련
영국
●베를린
프랑스
미국
1945년
4분할 점령된 독일

서베를린
동베를린
동독
서독
1949~1990년
서독과 동독 분단

1990년~현재
독일 통일

시아를 향한 공산주의와 소련의 확장을 저지하기 위해 미국이 지켜야 할 보루가 되어 안보 혜택까지 누렸고요. 이 덕분에 국방비에 투자해야 할 예산을 경제 개발에 집중 투자해 고도성장을 이룰 수 있었습니다. 한국 전쟁이 발발했을 때는 전쟁 물자 지원 및 생산 기지 역할을 해 1952년, 제2차 세계 대전 패전 이전 수준으로 경제를 회복했습니다.

정리하면, 패전국 일본 대신 한반도가 분단된 것은 미국이 소련을 견제하려는 목적 때문이었고, 동시에 일본이 원한 종전 전략이었습니다. 이는 국가 간 이해관계와 힘의 논리가 치밀하게 얽혀 있는 지정학적 논리의 산물인 것입니다.

지정학의 포로가 된
한반도의 정세

한반도는 세계 4대 강대국으로 평가받는 미국, 러시아, 중국, 일본에 둘러싸여 있는 강대국 하드 파워(군사력과 경제력)의 각축장입니다. 미국은 한국과 주변 지역에 군사력을 배치해 실질적인 영향력을 행사하고 있습니다. 소련은 몰락했지만 그 지위를 이어받은 러시아는 여전히 미국에 버금가는 군사력을 지니고 있고요. 그런 러시아가 한반도의 바로 북쪽에 위치하고 있습니다. 북쪽에 인접한 또 다른 나라는 경제력 세계 2위, 군사력 세계 3위의 중국입니다. 여지껏 한반도 식민 지배에 대한 진심 어린 사과를 하지 않는 일본은 한반도 동쪽과 남쪽에 위치합니다. 예전에 비하면 약해졌다지만 국내 총생산 세계 3위에 군사력도 수위권에 속하는 일본 역시무시할 수 없는 강국입니다.

	한국	북한	미국	중국	일본	러시아
병력(명)	50만	128만	139.5만	203.5만	24.7만	90만
전투기(대)	410	810	2894	2921	587	1391
전투함 항공모함(척)	전투함 90	전투함 420	항공모함 11	항공모함 2	전투함 49	항공모함 1
잠수정(척)	10	70	67	59	22	49
국방비(달러)	437억	–	7540억	2073억	493억	458억

■ **한반도를 둘러싼 국가들의 군사력 비교**(2022년 2월 기준)

미국과 한반도의 지정학적 관계

2022년 2월, 러시아의 침공으로 우크라이나에서는 전쟁이 진행 중입니다. 끝날 줄 모르는 러시아 - 우크라이나 전쟁을 지켜보며, 과연 우리나라가 우크라이나보다 지정학적으로 유리한 지점이 있는지를 고민해 봤습니다. 이에 한 중학생 친구가 말했습니다.

"우크라이나는 러시아하고만 인접해 있지만 우리나라는 러시아·중국·북한·일본에 둘러싸여 휴전 중이잖아요. 한국 주변이 더 위협적이죠."

한편으로는 일리가 있는 말입니다. 6장에서 언급했던 '투키디데스의 함정'처럼 패권 국가는 그 힘을 유지하기 위해 자신에게 도전하는 국가를 적으로 설정하고 경계하거나 봉쇄하려 합니다. 제2차 세계 대전 이후 패권국으로 자리매김한 미국의 어제의 적, 그리고 오늘의 적이 한반도와 맞닿아 있습니다.

한국 전쟁에 미군이 참전해 싸운 이유는 공산주의 종주국인 소련의 세력 확장을 막기 위한 것이었습니다. 당시 미국은 약 5만 명의 군인을 희생시키면서까지 우리나라를 도와주었고, 여전히 강력한 동맹국입니다. 한반도에는 현재 2만 8,500명의 미군이 주둔해 있습니다.

1991년에 경쟁국 소련이 붕괴하고, 미국은 장차 중국이 자신의 패권에 도전할 것으로 예측했습니다. 이에 1995년, 한때 전쟁 상대였던 베트남과 외교 관계를 맺습니다. 마침 베트남은 중국과 관계가 좋지 않은 반면 소련과는 친밀했는데, 소련이 붕괴한 틈에 미국이 손을 내민 것입니다. 중국은 1979년에 베트남과 전쟁을 벌였습니다. 전쟁의 명분은 중국이 지원하던 캄보디아를 베트남이 침공했기 때문이었고, 내막에는 소련과 중국의 국경 분쟁에 베트남이 소련을 지지한 것이 하나의 이유였지요.

2019년, 당시 미국의 대통령 도널드 트럼프와 북한의 김정은 위원장이 베트남 하노이에서 만났습니다. 두 나라의 정상 회담이

■ 2019년 2월, 베트남 하노이에서 미국과 북한의 정상 회담이 개최되었다.

베트남에서 열린 이유는 북·미 모두 우호적인 관계를 맺고 있는
나라이기 때문입니다. 한편 미국 측은 미국과 수교를 맺고 경제를
개방한 베트남이 얼마나 발전하고 있는지를 북한에게 보여 주려는
의도도 있었습니다. 동시에, 북한에 대한 중국의 영향력을 약화하
려는 목적도 있었고요. 하지만 비핵화에 대한 견해 차이를 좁히지
못하고 회담은 결렬되었습니다.

한반도 평화에 대한 주변국들의 속내

　오스트레일리아의 국방 정보 분석가 휴 화이트는 트럼프와 김정은의 회담에 대해 "미국과 북한의 관계가 개선되면 그 최대 피해자는 일본이 된다."라고 말했습니다. 북한과 미국의 관계 개선은 한반도의 평화로 이어지고, 이는 일본이 갖는 지정학적 가치가 낮아지는 결과를 낳기 때문입니다. 일본은 과거 한반도의 대립을 바탕으로 미국의 지원을 받아 국력을 성장시켰고, 현재 일본의 지정학적 가치 역시 한반도의 분단이 전제되어야 높은 평가를 받을 수 있습니다. 따라서 일본은 한반도의 긴장이 지나치지 않은 선에서 적절하게 유지되는 것을 바랄지 모릅니다. 북미 회담의 실패를 가장 반겼을 국가는 다름 아닌 일본이었을 것입니다.

　중국 역시 한반도 평화에 대한 나름의 입장이 있습니다. 중국의 대외 전략은 적대적 인식을 가진 국가와는 국경을 맞대지 않겠다는 것입니다. 한반도에 평화가 오고 이것이 남한 주도의 통일로 이어진다면 중국은 통일 한국을 통해 한국의 우방인 미국과 세력을 맞대야 하는 상황이 발생합니다. 따라서 한반도의 평화를 바라보는 중국의 입장 또한 우리와는 다를 수밖에 없습니다.

　지정학은 본질적으로 지리에 기반한 국제 정치학입니다. 중국과 일본이 한반도의 평화에 대해 우리와 다른 생각을 한다고 해서

섭섭해할 필요는 없습니다. 국제 관계는 냉혹하며 각국이 자국의 안전과 이익을 최우선에 두는 것이 당연합니다. 미국 역시 한반도에 미군을 주둔시켜 지금껏 유지하고 있는 영향력을 잃지 않으려고 합니다. 그 결과 우리나라는 한국 전쟁 이후 의지해 온 미국과 여전히 강력한 동맹을 유지하고 있습니다.

미국과 중국 사이

전문가들은 미국의 세계 패권국 지위가 쉽게 변하지 않을 것이라고 예상합니다. 하지만 미국이 가진 강력한 힘과, 미국이 우리나라와의 무역에서 갖는 영향력은 구분하여 생각해 볼 필요도 있습니다.

분단되어 축소된 영토, 적은 인구 규모와 미약한 자원으로 인해 우리나라는 해외 무역에 의존하는 비중이 매우 큰 국가입니다. 2023년 현재, 국내 총생산 대비 무역액의 비율이 85%나 됩니다. 미국이 세계 최강대국이며 외교 및 군사적으로 우리나라가 가장 의지하는 동맹국임은 부정할 수 없지만, 우리나라와 중국 간의 교역 규모는 미국에 비해 1.65배 더 많습니다. 중국이 경제적 압박을 가한다면 우리나라가 입게 될 피해는 적지 않겠지요.

우리나라와의 물리적 거리 또한 미국이 중국보다 멉니다. 현

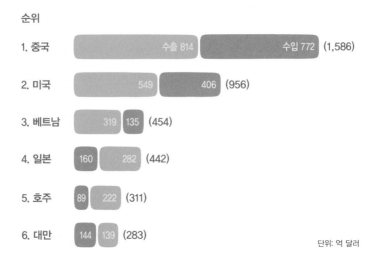

순위

1. 중국　　수출 814　　수입 772　(1,586)

2. 미국　　549　　406　(956)

3. 베트남　319　135　(454)

4. 일본　160　282　(442)

5. 호주　89　222　(311)

6. 대만　144　139　(283)

단위: 억 달러

■ **우리나라와 주요 국가별 교역 규모**(2022년 상반기 기준)

재 미국은 러시아-우크라이나 전쟁을 비롯해 신경 써야 할 부분이 너무 많습니다. 특히 우크라이나와의 전쟁으로 국제 사회에서 지탄받고 있는 러시아가 제 편을 찾기 위해 중국과의 동맹을 강화하면, 태평양 건너 미국이 한반도에 지원할 수 있는 군사적 역량은 상대적으로 약해질 수 있습니다.

먼 거리에도 불구하고 미국에 의지해 온 대한민국은 앞으로 어떤 외교를 펼쳐야 할까요? 주변 국가들은 남북한의 관계와 한반도 평화에 대해 자국의 손익을 계산하고 있습니다. 게다가 북한은 여전히 남한과의 관계 개선에 적극적으로 나서지 않고 있고요. 한반도를 둘러싼 주변국들의 이해관계는 복잡해지고 있으며, 이에 따라 한반도의 정세는 점차 지정학에서 벗어날 수 없을 만큼 큰 영향을 받고 있습니다.

우리나라의 국력과 한반도의 미래

2021년, 미국 국제 전략 문제 연구소가 주최한 행사에서 미국의 정치학자 조지프 나이는 "한국은 세계에서 가장 위대한 성공 스토리를 가진 나라다. 한국의 소프트 파워가 세계를 사로잡고 있다." 라고 말했습니다.

'소프트 파워'는 강압이나 거래가 아니라, 고유의 매력을 통해 개인이나 사회, 국가를 변화하게 하는 힘입니다. 하드 파워가 그 나라의 군사력, 경제력, 자원 등 지리적 요소를 가리킨다면, 소프트 파워는 문화(예술, 교육, 학문, 정보 기술), 정신(사회 규범, 윤리, 민주주의), 외교(정책)와 같은 부드러운 권력을 뜻하지요.

소프트 파워의 한계

교통과 통신의 발달로 국가 간의 연결성이 매우 커지면서 소프트 파워도 주요 국력 중 하나로 부각되고 있습니다. 우리나라의 드라마와 영화, 드라마, 케이팝, 웹툰, 게임 등 수많은 문화 콘텐츠가 아시아를 넘어 세계의 주목을 받고 있습니다.

조지프 나이는 "서독과 동독 사이의 베를린 장벽을 무너뜨린 것은 동독 주민들의 마음을 매료시킨 서구의 문화"라고 말했습니다. 즉 독일 통일의 주역은 자유주의 서독의 발전한 소프트 파워라는 것입니다.

최근 일본에서 출간된 한 청소년용 지정학 교양서에는 아래와 같은 내용이 담겨 있습니다.

"지리적으로 축복받은 미국이 강대국이 된 것에 반해 지리적으로 불행한 나라의 상황은 엄청나게 어려워."
"맞아. 예를 들면 여기, 일본 바로 옆에 있는 한반도가 그렇지. 하지만 그들은 좁은 땅과 힘든 조건들 속에서도 열심히 살아남으려 애썼어."
"한국은 세계를 상대로 장사해야만 하니까 세상에서 인정받는 콘텐츠가 나오고 있는 거야. 이것도 환경의 영향을 받았다고 할 수 있지."

– 다나카 타카유키, 《13살부터 읽는 지정학》(2022) 중

■ 베를린 장벽 위로 올라선 동독 주민들

이 책에서는 한국이 지정학적으로 불리한 위치에 있지만 험난한 조건에서 생존하기 위해 애썼다고 이야기합니다. 그 결과, 일본보다 인정받는 문화 콘텐츠를 생산해 냈다 하고요. 한반도의 현대사를 돌아보면 결코 틀린 말이 아니며, 오히려 객관적인 시각에서 정확하게 지적하고 있는 것처럼 보입니다.

하지만 소프트 파워에는 한계가 있습니다. 결국 국가 간 대립 상황에서 결정적인 역할을 하는 것은 경제력과 군사력 같은 하드 파워입니다. 아테네가 스파르타에게, 로마 제국이 게르만족에게,

명나라가 청나라에게 멸망한 것은 무엇 때문이었을까요? 문화를 비롯한 소프트 파워가 약했기 때문은 아닙니다.

국가 생존을 결정하는 실제 요인은 우선 그 나라의 하드 파워이고, 또 하나는 주변에 얼마나 강한 나라가 있는가 하는 지리적 위치인 것입니다.

지리적 한계를 넘어

세계 국가별 군사력을 비교할 때, 주로 사용하는 것이 '세계 군사력 순위Global FirePower Index, GPI입니다. 2006년에 설립된 비정부 기구인 글로벌 파이어파워에서 매년 140여 개 국가를 대상으로 육·해·공군력, 군사 장비, 천연자원, 재정, 지리 등 60개 이상의 요소를 비교해 만든 자료입니다. 246쪽 표의 국가명 옆에 있는 파워인덱스PwrIndx 점수는 가장 완벽한 점수를 0.0000으로 설정해 놓고 매긴 것입니다.

핵무기를 제외하고, 재래식 전투력을 중심으로 한 평가이긴 하지만 우리나라의 순위는 자부심을 느낄 만큼 높은 자리에 위치하고 있습니다. 그러나 세계 8위권 중 4개 국가가 우리나라를 둘러싸고 있는 현실이라면 어떤 생각이 드나요? 게다가 전쟁까지 치른 동족과는 철조망을 사이에 두고 총을 겨누고 있습니다.

1	미국 0.0712	6	대한민국 0.1505
2	러시아 0.0714	7	파키스탄 0.1694
3	중국 0.0722	8	일본 0.1711
4	인도 0.1025	9	프랑스 0.1848
5	영국 0.1435	10	이탈리아 0.1973

■ **세계 군사력 순위**(글로벌 파이어파워, 2023년 기준)

　결국 우리는 소프트 파워 못지않게 하드 파워에도 신경을 써야 만 하는 나라입니다. 그것이 한반도의 지정학적 위치입니다. 그리 고 역설적이게도 이런 지리적 환경의 결과, 세계 군사력 순위 6위 에 올라 있습니다. 무역에 기대어 성장해야 하는 우리나라의 입장 은 '한류'라는 소프트 파워를 만들기도 했지만, 동시에 강대국에 둘러싸인 지정학적 입장으로 소프트 파워만큼이나 강력한 하드 파 워를 성장시켜 왔습니다.

　우리나라의 하드 파워는 무기 개발과 생산으로 이어져 세계 9위 의 무기 수출국이 되었습니다. 미국의 방송사 CNN은 오스트레일 리아 시드니 대학교 미국 연구소의 글을 인용해 "한국의 K-국방 산업은 이미 메이저 리그에 진입했다."라고 보도했습니다. 최근 우 리나라의 자주포, 탱크, 전투기를 비롯한 무기 수출액도 상위권에

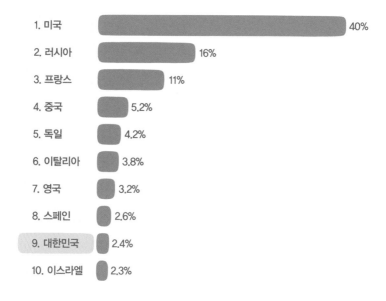

1. 미국	40%
2. 러시아	16%
3. 프랑스	11%
4. 중국	5.2%
5. 독일	4.2%
6. 이탈리아	3.8%
7. 영국	3.2%
8. 스페인	2.6%
9. 대한민국	2.4%
10. 이스라엘	2.3%

■ **세계 무기 수출 점유율**(스톡홀름 국제 평화 연구소, 2018~2022년 기준)

올라 있고요.

2022년, 우리나라는 폴란드와 약 25조 원에 이르는 탱크, 자주포, 전투기 수출 계약을 성사했습니다. 이전 5년간의 총 무기 수출액에 버금가는 계약을 한 번에 달성한 것입니다. 우리나라 정부는 장차 세계 4대 방위 산업 무기 수출 강국이 되겠다는 목표를 공식 발표했습니다.

분단된 대한민국의 경제와 문화, 국방력이 크게 성장한 것은 지리적 한계를 넘어서려는 몸부림이었습니다. 이제 국제 사회는 대한민국을 소프트 파워와 하드 파워 모두 강한 나라로 인정하고 있습니다.

과거를 되풀이하지 않기 위해서는

1592년 임진왜란부터 약 430년 동안 한반도에서는 일곱 번의 큰 전쟁이 있었습니다. 이 중 네 번은 강대국들의 침략에 대한 방어 전쟁이었습니다. 두 번은 주변 강대국들이 한반도를 자신들의 싸움터로 이용한 전쟁이었지요. 마지막 전쟁은 원치 않았던 분단으로 발생한 북한과의 민족 간 전쟁이었습니다.

강대국은 자국의 영토 안에서 전쟁이 일어나는 것도, 강대국끼리 정면으로 충돌하는 것도 원치 않습니다. 변방이나 약소국을 이용해 원하는 바를 이루려 합니다. 한반도의 역사가 겪어 온 전쟁들과 러시아의 우크라이나 침공을 보면 분명해집니다. 그리고 냉혹한 국제 사회는 변방의 입장에 처한 나라들에게 현명한 지정학적 판단을 요구합니다.

그간 우리나라는 지정학적 현실을 극복하고 더 나은 상황으로 나아가기 위해 숱한 판단을 내려 왔습니다. 그 결과 세계가 인정한 소프트 파워와 하드 파워 모두를 일궈 냈고요. 하지만 오늘의 영광이 계속될 것이라는 보장이 있을까요?

주변국의 침략 전쟁	강대국의 전쟁터	민족 간 전쟁
임진왜란 (1592년) 정유재란 (1597년) 정묘호란 (1627년) 병자호란 (1637년)	청일전쟁 (1894년) 러일전쟁 (1905년)	한국전쟁 (1950년)

■ 한반도에서 일어난 주요 전쟁들

한반도를 둘러싼 미국, 중국, 러시아, 일본이 극한 갈등으로 치달을 때 우리나라가 할 수 있는 일은 무엇일까요? 오랜 세월 역사와 문화 그리고 삶의 터전을 공유해 온 동족과 계속해서 갈등하며 강대국들로부터 이용당해야 할까요? 아니면 우리가 주도해 세계의 지정학 구도에서 중심축으로 활약해야 할까요?

"진정한 세계의 평화가 우리나라에서, 우리나라로 말미암아 세계에 실현되기를 원한다."

조국 독립을 위해 인생을 바쳤고, 통일과 발전을 염원한 김구 선생님의 말씀입니다. 김구 선생님의 바람대로 국제 사회의 평화를 지키는 데 우리나라의 영향력은 막강해졌습니다.

세계인이 한반도의 평화를 주시하며 관심을 가집니다. 세계인

이 'K'로 대표되는 우리나라의 문화와 상품을 소비합니다. 성장한
국력만큼 우리의 행보는 더 치밀해져야 합니다. 오늘의 발전과 평
화를 당연한 것으로 받아들이지 말고 늘 내일을 고민해야 합니다.
지정학의 시선으로 한반도 주변 강대국들의 세력 균형을 눈여겨보
고, 후손들에게 흔들리지 않을 평화를 물려줄 수 있는 지리적 상상
력을 가꿔야 합니다. 한반도를 넘어 세계의 평화는 미래를 살아갈
우리에게 달려 있습니다.

나의 첫 지정학 수업

초판 발행	2023년 10월 27일
개정판 1쇄	2024년 8월 19일

지은이	전국지리교사모임

책임편집	이슬
디자인	책은우주다
지도	박은애
마케팅	강백산, 강지연

펴낸이	이재일
펴낸곳	토토북
출판등록	2002년 5월 30일 제2002-000172호
주소	04034 서울시 마포구 잔다리로 7길 19, 명보빌딩 3층
전화	02-332-6255
팩스	02-6919-2854
홈페이지	www.totobook.com
전자우편	totobooks@hanmail.net

ISBN	978-89-6496-509-2 43980